CO_2 分子の拡散の軌跡

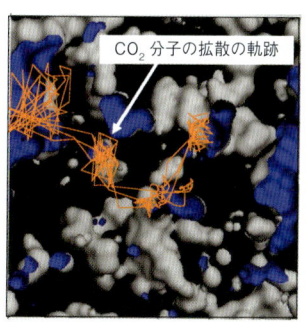

口絵 1　ポリジメチルシロキサン分離膜中の二酸化炭素（CO_2）分子の拡散軌跡.
（本文 p.5 図 1.4 参照）

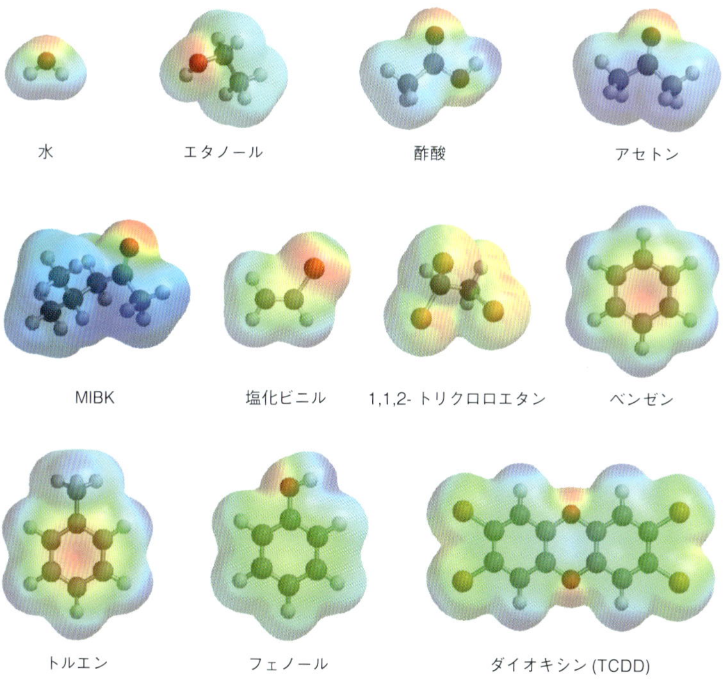

水
エタノール
酢酸
アセトン
MIBK
塩化ビニル
1,1,2- トリクロロエタン
ベンゼン
トルエン
フェノール
ダイオキシン (TCDD)

口絵 2　水や有機溶媒の大きさと電荷状態.
（本文 p.6 図 1.5 参照）

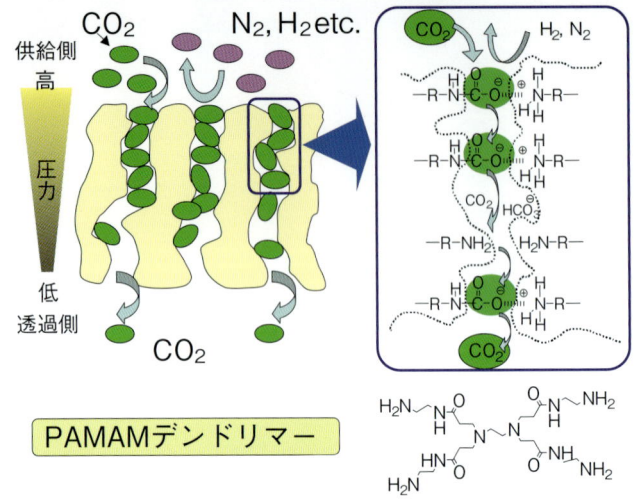

口絵 3　分子ゲート機能の概念.
（本文 p.23 図 2.9 参照）

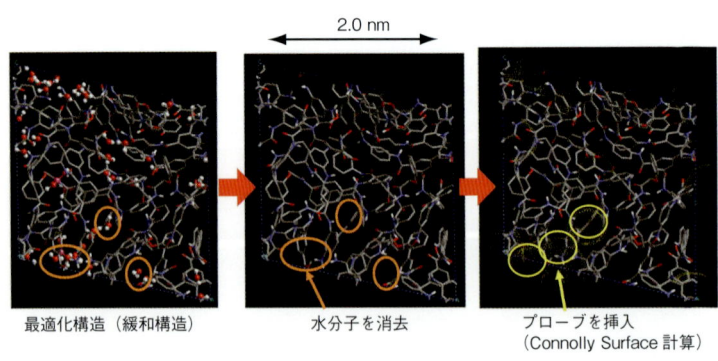

口絵 4　分子動力学計算による RO 膜細孔径シミュレーションの結果.
（本文 p.44 図 4.6 参照）

最先端材料システム One Point ❻

高分子膜を用いた環境技術

高分子学会［編集］

共立出版

「最先端材料システム One Point」シリーズ 編集委員会

編集委員長	渡邉正義	横浜国立大学 大学院工学研究院
編集委員	加藤隆史	東京大学 大学院工学系研究科
	斎藤 拓	東京農工大学 大学院工学府
	芹澤 武	東京工業大学 大学院理工学研究科
	中嶋直敏	九州大学 大学院工学研究院

複写される方へ

本書の無断複写は著作権法上での例外を除き禁じられています。本書を複写される場合は、複写権等の行使の委託を受けている次の団体にご連絡ください。

〒107-0052　東京都港区赤坂 9-6-41　乃木坂ビル　一般社団法人 学術著作権協会
電話 (03)3475-5618　　FAX(03)3475-5619　　E-mail: info@jaacc.jp

転載・翻訳など、複写以外の許諾は、高分子学会へ直接ご連絡下さい。

シリーズ刊行にあたって

　材料およびこれを用いた材料システムの研究は,「最も知的集約度の高い研究」と言われている．部品を組み立てる組立産業は，部品と製造装置さえ揃えばある程度真似をすることができても，材料およびそのシステムはそう簡単には追随できない．あえて言えば日本の製造業の根幹を支えている研究分野であり，今後もその優位性の維持が最も期待されている分野でもある．

　この度，高分子学会より「最先端材料システム One Point」シリーズ全10巻を刊行することになった．科学の世界の進歩は著しく，材料，そしてこれを用いた材料システムは日進月歩で進化している．しかし，その底辺を形作る基礎の部分は普遍なはずである．この One Point シリーズは今話題の最先端の材料・システムに関するホットな話題を提供する．同時に，これらの研究・開発を始めるにあたって知らなければならない基礎の部分も丁寧に解説した．具体的な刊行内容は以下の通りである．

　　　第1巻　　カーボンナノチューブ・グラフェン
　　　第2巻　　イオン液体
　　　第3巻　　自己組織化と機能材料
　　　第4巻　　ディスプレイ用材料
　　　第5巻　　最先端電池と材料
　　　第6巻　　高分子膜を用いた環境技術
　　　第7巻　　微粒子・ナノ粒子
　　　第8巻　　フォトクロミズム
　　　第9巻　　ドラッグデリバリーシステム
　　　第10巻　イメージング

　いずれも今を時めくホットトピックで，題名からだけでもその熱さが伝わってくると思う．執筆者は，それぞれの分野で日本を代表する研究者にお願いした．またその内容は，ご自身の研究の紹介だけでなく，それぞれの話題を世界的な観点から俯瞰して頂き，その概要もわかるよう

に工夫した．さらに詳しく知りたい方のために参考文献も充実させた．

　特に読んで頂きたい方は，これからこれらの分野の研究・開発を始めようとする大学生，大学院生，企業の若手研究者等であり，「手軽だが深く学べる本」の提供を目指した．さらに，この分野の入門書としての位置づけのみならず，参考書としても充分活用できるような内容とすることを意図したので，それぞれの分野の研究者・技術者，さらには最先端トピックスの概要を把握したい方々にも充分にお役に立つことを確信している．

　本 One Point シリーズの刊行にあたっては，各執筆者はもとより，各巻の代表執筆者の方々には，各巻全体を査読頂き，表現の統一や重複のチェックなど多大なご尽力を頂いた．ここに改めてお礼申し上げる．

　2012 年 4 月

編集委員長　渡邉正義

まえがき

　高分子学会は，2012 年に設立 60 周年を迎える．最先端材料システム One Point シリーズ（全 10 巻）の出版は，60 周年記念事業の一環として，渡邉正義編集委員長を中心に 2010 年度から進められてきたものである．第 6 巻では，高分子膜を用いた環境技術を取り扱う．

　2011 年 3 月 11 日に発生した未曾有の東日本大震災とそれに端を発した原子力発電の問題により，私達の安全・安心に対する意識が高まった．連日行われた大気や水の汚染とその浄化に関する報道を人々が注視し，火力発電所の再稼働や太陽光発電等の代替エネルギーの議論が活発になった．そして高分子膜の物質を分離したり遮断したりする機能にも注目が集まった．

　この時，高分子膜の研究開発は，1980 年代初頭からバブル崩壊までの第 1 次ブームに続く，2000 年代半ばからの第 2 次ブームの最中であった．第 1 次ブームでは水処理やガス分離にスポットライトが当たっていたが，第 2 次ブームではこれらの他に燃料電池用電解質膜やバリア膜が加わり，高分子膜の応用分野に広がりを見せていた．

　本書は，高分子膜が利用されている環境技術分野を 7 つに分類してまとめあげたものである．まず第 1 章では，そもそも膜とは何かから始まり，膜の歴史と様々な膜機能を説明した後，高分子膜の関連性や共通点等の分野のつながりについて概説した．大気汚染対策で国際的に連携が取られている課題として，第 2 章では温室効果ガスである二酸化炭素の，第 3 章では揮発性有機化合物 (VOC) の排出量削減に貢献している高分子膜をそれぞれ取り扱っている．21 世紀は水の時代と言われるように，世界的に水ビジネスが展開されている．第 4 章では水処理に焦点をあてた．また，第 5 章では，環境への負荷の軽減が期待される新エネルギーとしてのバイオエタノールの濃縮について解説した．次世代のクリーンエネルギーシステムとして燃料電池が注目されている．第 6 章ではエネルギー源の水素の精製について，第 7 章では燃料電池電解質膜について

それぞれ説明した．最後に，第8章では有機ELや太陽電池に利用されているバリア膜を取り扱った．そして8名の専門家による，全100ページ，図・写真62点，表5点の本書が完成した．

このように高分子膜は，私達の暮らしの中に無くてはならない重要なものの一つに成長しているのである．そして各特性の向上により，私達の生活はより豊かなものになっていくことであろう．

本書のような包括した内容は，化学，電機・電子，食品，医療・医薬品，エネルギー，輸送，建築，プラント，分析等の企業の情報源として有用である．知りたいことがあったときに，どこをどのような観点から調べれば良いのかがわかる，いわゆる手引書としても活用できる．また，これから高分子膜を用いた環境産業分野を勉強する企業の若手社員や大学生・大学院生の入門書としても使えるものである．本書が高分子膜の研究者・技術者に何かしらのお役に立つことを切に願っている．

最後に，高分子学会の出版事業関係者を代表して，本書の出版にご尽力いただいた執筆者の方々，貴重な資料をご提供下さった方々に心から御礼申し上げる．

2012年4月

代表執筆者　永井一清

執筆者紹介

第1章　永井一清 *　　明治大学 理工学部
第2章　風間伸吾　　（公財）地球環境産業技術研究機構 化学研究グループ
第3章　森里　敦　　CAMERON, Process System Division,
　　　　　　　　　　Cynara Membrane R&D
第4章　辺見昌弘　　東レ株式会社 地球環境研究所
第5章　浦上　忠　　関西大学 大学院理工学研究科
第6章　八尾　滋　　福岡大学 工学部
第7章　寺田一郎　　旭硝子株式会社 中央研究所
第8章　黒田俊也　　住友化学株式会社 先端材料探索研究所

（*：代表執筆者）

目　次

第1章　環境技術を支える高分子膜　　1

- 1.1　"膜"とフィルム　　1
- 1.2　"膜"の機能　　2
- 1.3　"膜"のつながり　　11

第2章　二酸化炭素の分離・回収　　13

- 2.1　はじめに　　13
- 2.2　CO_2 分離回収技術の比較　　14
- 2.3　CO_2 分離膜の産業分野　　15
- 2.4　高分子膜のガス透過モデル　　17
- 2.5　高分子膜の構造　　18
- 2.6　気体分離膜の性能　　19
- 2.7　高分子系 CO_2 分離膜の開発　　21
- 2.8　将来展望　　24

第3章　揮発性有機化合物(VOC)の分離・回収　　26

- 3.1　はじめに　　26
- 3.2　高分子膜によるVOC分離メカニズム　　27
- 3.3　高分子膜によるVOC分離　　31
- 3.4　VOC分離に用いられる高分子材料　　34
- 3.5　将来展望　　36

第4章　水処理技術　　39

- 4.1　はじめに　　39
  - 4.1.1　世界の水問題　　39
  - 4.1.2　水処理用分離膜　　39

	4.1.3 水処理用分離膜産業	40
4.2	各種水処理用分離膜の技術	41
	4.2.1 RO 膜	41
	4.2.2 UF 膜と MF 膜	44
	4.2.3 MBR（膜分離活性汚泥法）用分離膜	47
4.3	統合的膜分離システム	48
4.4	将来展望	48

第5章 バイオエタノールの濃縮　　51

5.1	はじめに	51
5.2	バイオエタノール濃縮用高分子膜の開発	53
	5.2.1 水選択透過膜	53
	5.2.2 アルコール選択透過膜	54
5.3	エタノール濃縮膜開発の課題	54
5.4	エタノール濃縮用高分子膜開発の展望	55
5.5	将来展望	60

第6章 水素ガス精製　　62

6.1	はじめに	62
	6.1.1 水素と社会	62
	6.1.2 水素の製造	62
	6.1.3 水素の貯蔵・輸送	66
6.2	高純度水素精製法	67
	6.2.1 金属膜	68
	6.2.2 セラミックス膜	68
6.3	高分子分離膜	69
	6.3.1 分離原理	69
	6.3.2 ポリイミドガス分離膜	70
	6.3.3 モジュールおよびモジュール形状	72

第 7 章 燃料電池への応用　　74

- 7.1 はじめに 74
- 7.2 燃料電池の種類と特徴 74
- 7.3 固体高分子形燃料電池の原理 75
- 7.4 固体高分子形燃料電池用イオン交換膜開発の歴史 77
- 7.5 燃料電池用膜の課題と対策 79
- 7.6 将来展望 82

第 8 章 有機 EL や太陽電池への応用　　86

- 8.1 はじめに 86
- 8.2 有機 EL におけるバリア膜 87
  - 8.2.1 有機 EL の特徴 87
  - 8.2.2 バリア封止膜 89
- 8.3 太陽電池におけるバリア膜 89
  - 8.3.1 太陽電池の特徴 89
  - 8.3.2 無機系太陽電池 90
  - 8.3.3 有機系太陽電池 91
- 8.4 バリアのメカニズム 93
  - 8.4.1 高分子におけるバリア 93
  - 8.4.2 無機におけるバリア 94
  - 8.4.3 開発中バリア技術の事例 94
- 8.5 将来展望 96

索　引　　98

第1章

環境技術を支える高分子膜

1.1 "膜"とフィルム

「"膜"とつく用語で思いつくものは何?」と筆者の研究室に配属されたばかりの学生に尋ねてみた.細胞膜,塗膜,粘膜,薄膜,単分子膜,二分子膜,皮膜,被膜,角膜…生物や生体に関わる"膜"を挙げる学生が多い.小学校から受けてきた理科教育で扱っているからであろう."膜"の分類方法も色々あるが,膜を構成する物質からみると,生体の中に存在している生体膜と人工的に合成された人工膜に大きく分けることができる.本著では,人工膜の中で材料に高分子を用いた高分子膜を取り扱う.

そもそも"膜"とは何か,仲川が自著の中でこう説明している[1]."膜にきわめて類似した言葉にフィルムというのがある.(中略)フィルムはただ薄ければよいが,膜は薄いやわらかい,解剖学的とか動物・植物に関連するように,薄い物に何かが期待される,その何かが機能であるが,性質を持った薄い物質,と定義することができよう." フィルムも透明性や耐静電気特性,ペインタブル性等の機能があるため包装材料等に使用されている.仲川の言う機能は,もっと高度なものを意図している.英語で"膜"は"membrane","フィルム"は"film"である.しかし,"thin film"は"薄いフィルム"というよりは"薄膜"と訳される.そのため機能を強調した"機能膜"という言葉も生まれた.高分子膜は,高分子鎖が凝集して形成されるものである(図1.1).従来は石油由来のものが主であったが,最近ではトウモロコシやお米等の植物由来のものも合成されるようになり,高分子膜の素材は幅広くなっている(図1.2).

高分子膜の研究と産業は,1980年代にご活躍された先生方のご尽力で,

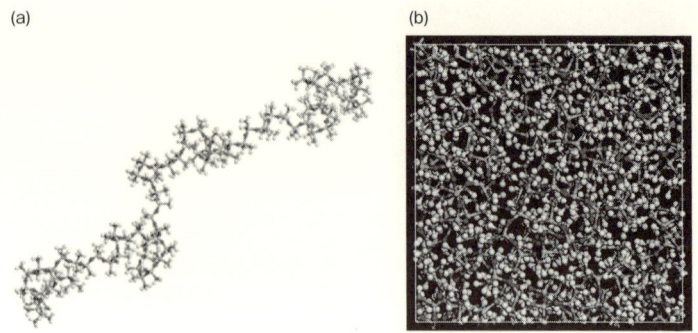

図 1.1 ポリジメチルシロキサン鎖一本の構造 (a) とそれらの高分子鎖の凝集状態の分子シミュレーション例 (b).

図 1.2 植物由来の高分子バリア膜
（Poly[propargyl(3-methoxy-4-propargyloxy)cinnamate] 膜）の外観写真.

今があるものである．筆者は学生としてその時を過ごし，当時の先生方のご様子を目の当たりにしていた．現在，高分子膜の研究に身を置く者の一人として，この場を借りて御礼申し上げたい．

1.2 "膜"の機能

さて，話を元に戻すと，高分子膜の用途は多岐に渡る．その例を表 1.1 にまとめる．まずは，本著に関連する分離膜から話を始める．膜分離法は，選択性のある膜を透過する各成分の速度差を利用して分離を行う方法であり，不要物質の除去，物質の精製，および溶液の濃縮が主な用途となる．膜分離法は使用する膜の種類（主に孔径の違い）と操作方法の違いによって，

表 1.1 高分子膜の分類と応用分野の例.

膜	応用分野の例
ガス分離膜	二酸化炭素回収 揮発性有機化合物（VOC）ガス回収 水素ガス精製 窒素または酸素富化空気の製造 空気の乾燥
浸透気化膜	バイオエタノール濃縮 有機溶媒の脱水 有機溶媒混合物の分離 揮発性有機化合物（VOC）溶液回収
精密ろ過膜	水処理（微粒子除去） 食品，薬剤工業における滅菌 ビールの清澄化 メンブレンリアクター
限外ろ過膜	水処理（排水，し尿処理） ミルクの濃縮 いも澱粉やタンパクの回収 ジュースやビールの清澄化
ナノろ過膜・逆浸透膜	水処理（海水淡水化，超純水の製造） ジュースや砂糖，ミルクの濃縮
電気透析膜	水処理（イオンの分離） 製糖時の脱ミネラル化 鍍金時の重金属イオン回収
透析膜	人工腎臓 廃液中の金属イオンの分離 海水からのウラン化合物の分離
ガス透過膜	人工肺 コンタクトレンズ 水や溶媒の脱気
電解質膜	燃料電池
バリア膜	太陽電池 有機 EL 電子ペーパー 液晶 食品や医薬品，電子機器包装

ガス分離法，浸透気化法，精密ろ過法，限外ろ過法，ナノろ過法，逆浸透法，透析法，電気透析法等に分類されている．

ガスの直径は，0.2〜0.4 nm 程である．ガス分子の大きさの表し方も色々あるが，最小断面積の直径を表す kinetic diameter は，水素 0.289 nm, 酸素 0.346 nm, 窒素 0.364 nm, 二酸化炭素 0.33 nm, メタン 0.38 nm で

ある[2]. このような小さな分子であるため,ガス分離法では非多孔膜や緻密膜と呼ばれる膜を用い,ガス分子は膜中で凝集している高分子鎖の隙間を拡散していく. 膜表面へのガス分子の溶解性も分離性に影響を与えている. いわゆる溶解・拡散機構に基づいてガス分子は透過していく. 高分子膜を用いたガス分離は,1970年代に医療用の酸素富化空気の製造や石油精製時の生成ガスの分離において実用化された. 工業での大規模膜分離システムの導入は,1980年に米国モンサント社がアンモニア製造過程の水素分離プロセスに適用した事例が最初である [3,4]. 膜分離法は他の分離法と比較して,処理する気体の流量が小さくかつ求められる分離性があまり高くない領域において,経済効率に優れると言われている. 時代とともに分離対象物も増え,温室効果のある二酸化炭素や揮発性有機化合物 (VOC) ガスの分離回収にも利用されている (図 1.3). 現在では,高分子合成プロセスでのエチレンや塩化ビニルなどの未反応モノマーの回収や鉄鋼精製プロセスで生成するベンゼンなどの分離回収が行われている. シリコーンゴム膜を用いて始まった空気の分離は,酸素富化よりも不活性ガスとして使用できる窒素富化の需要の方が増している (図 1.4). 空気の除湿も重要であ

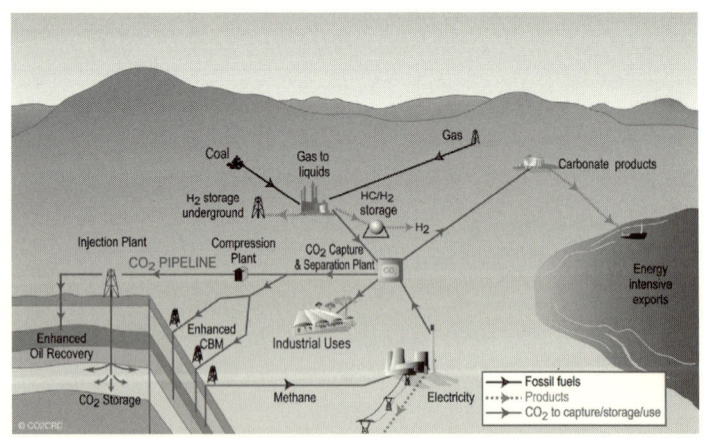

図 1.3 二酸化炭素を固定発生源から分離回収して地中貯留する Carbon dioxide Capture and Storage (CCS) プロセス.
図版提供:Cooperative Research Center for Greenhouse Gas Technologies (CO2CRC), Australia

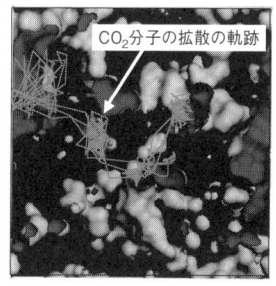

図 1.4 ポリジメチルシロキサン分離膜中の二酸化炭素（CO_2）分子の拡散軌跡．
（口絵 1 参照）

る．最近では，燃料電池用の水素の製造への利用が注目されている．

水や有機溶媒の直径も小さく 0.2〜1 nm 程である．浸透気化法では，ガス分離法と同じく非多孔膜を用いた溶解・拡散機構に基づき分離が行われている．水や有機溶媒は電荷の偏りがある上に，どの断面を直径とすればよいのか判断が難しい（図 1.5）．液体混合物の分離分野への浸透気化法を利用した膜分離システムの導入は，1982 年に西独 GFT 社がエタノールの脱水過程に適用した事例が最初である[5]．他の分離法と比較して浸透気化法は共沸混合物の分離に優れている．有機液体と水との混合物を分離する場合，有機溶媒の脱水に便利な有機液体よりも水を速く透過させる膜（水選択透過膜）ばかりが存在していたが，有機液体が水よりも速く透過できる膜（有機液体選択透過膜）が開発されるに至り，水中からの微量 VOC の除去にも応用できるようになった．今では，バイオエタノール濃縮にも利用されている．

分離法に"ろ過"と付けられているものは，"ふるい"により物を分けるものである[6]．精密ろ過法は一般的なろ過に近いプロセスであり，菌や酵母，血球などの微粒子などが分離対象となる．100 nm 程よりも大きい物質の除去に利用される．水処理過程での微粒子除去や，食品，薬剤工業における滅菌，ビールの清澄化等に利用されている．メンブレンリアクターへも利用範囲は拡大し，反応の効率化に貢献している．

除去する物質の大きさが 2〜100 nm 程と小さくなると，名称が変わる．従来のろ過の限界を超えたという意味で限外ろ過法と呼ばれている．孔径に分布があることから，膜特性を孔径よりも分画分子量で表されることが

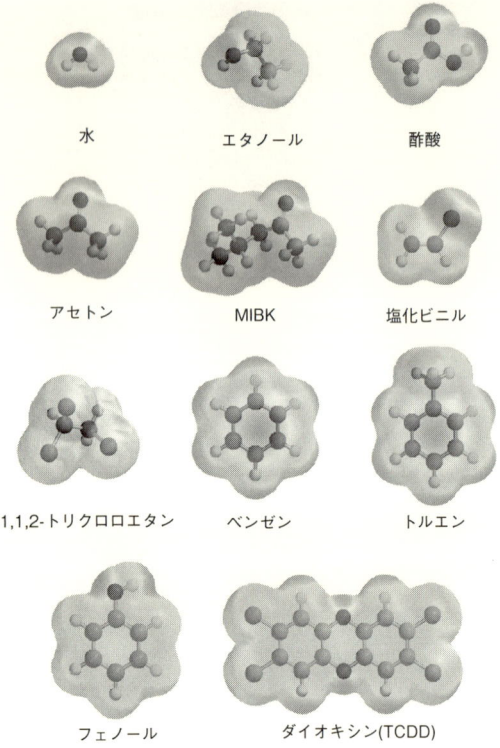

図 1.5 水や有機溶媒の大きさと電荷状態.
（口絵 2 参照）

多い．分画分子量とは，分子量の異なる数種類の溶質が阻止される割合（阻止率）が 90％になったときの分子量を意味する．ただし，分画分子量は溶質によって変化すると考えられるので大体の目安ともいえる．水処理過程では，排水やし尿処理に利用されている．ミルクの濃縮，いも澱粉やタンパクの回収，ジュースやビールの清澄化も大きな需要がある．

除去する物質の大きさが 2 nm 程より小さくなると，また名称が変わる．ナノろ過法と命名されている．かん水の脱塩や軟水化処理などに用いられている．ジュースや砂糖，ミルクの濃縮にも利用されている．

さらに小さい物質を除去するためには，"ふるい"作用では難しくなる．

図 1.6 約 13 万トン／日の造水能力を有するトリニダード・アンド・トバゴの海水淡水化プラント．
写真提供：東レ株式会社

1 nm にもみたないイオンが対象となる．そのためより緻密な膜による逆浸透法が利用される（図 1.6）．その名の通り，浸透圧の逆方向に圧力を加えることによって，濃厚溶液側から希薄溶液側に水を移動させるからである．逆浸透膜の応用例として特に成功を収めているのが，海水淡水化である．淡水化については 1953 年にアメリカで研究が始まり，現在では日産数万トン規模の海水淡水化プロセスが世界各地で稼動している．また，超純水の製造にも利用されている．2009 年から始まった内閣府最先端研究開発支援プログラム「メガトン水システム」では，1 メガトン（100 万 m^3）／日規模（約 400 万人の生活用水相当）インテリジェント大型海水淡水化プラントのシステム技術開発が行われている．

膜の両側に電圧をかけて電位差を作ることにより，イオンの分離が可能となる方法もある．それが電気透析法である．この膜としてイオン交換膜が用いられる．負荷電を持つカチオン交換膜と正荷電を持つアニオン交換膜を交互に並べて，溶液中の電解質を分離するものである．海水の塩濃縮，製糖時の脱ミネラル化，鍍金時の重金属イオン回収等に用いられている．

透析膜は，元々は半透膜と呼ばれており，溶液から目的の溶質のみを透過させて他の溶質は透過させない特性を持つものである．工業的には，廃液中の金属イオンの分離や海水からのウラン化合物の分離に利用されている．一般には，工業用途よりもむしろ医療用途の方がなじみがある．透析法の中で血液透析が最も広く利用されており，人工腎臓として慢性腎不全

患者の治療法として欠くことができないものになっているからである．血液中の血球やたんぱく質等は透過させずに，尿として排出される尿素，尿酸，クレアチニン等の老廃物を除去する．

医療分野で用いられている膜に，人工肺もある．これにはガス透過膜が用いられる．主に心臓手術の際の人工心肺装置の肺として用いられている．人工肺を流れる血液とガスの間で血液中へ酸素を送り込み，逆に血液中の二酸化炭素を除去する肺機能のガス交換が代行されている．酸素のガス透過性は，コンタクトレンズでも重要な機能であり，これもガス透過膜に分類される．

前述したイオン交換膜は，燃料電池の電解質膜にも利用されている（図 **1.7**）．固体高分子形燃料電池 (PEFC) は，水素イオン伝導性の高い高分子膜を電極に挟んだ形になっており，高い出力密度を得ている[7]．1960 年代に開発されたパーフルオロスルホン酸系のイオン交換膜である Nafion® 膜が，実用的な電解質膜のさきがけとなっている．最近では，炭化水素系電解質膜の研究も盛んに行われている．一般に電解質膜は，含水した状態で使用されることが多いため膜中の水の状態の制御が重要となる．上述した水処理用途のように含水状態下での膜輸送を考えていく必要があるが，それらよりも高温での操作が求められている．2010 年には，経済産業省水素利用社会システム構築実証事業に基づく「水素ハイウェイプロジェクト」が

図 **1.7** 燃料電池用の膜・電極接合体．
写真提供：旭硝子株式会社

運用を開始し，空港間をつなぐ燃料電池バス定期営業運行や都心と羽田空港／成田空港間の燃料電池車に製油所等で製造した水素ガスを水素ステーションで充填することができるようになった（図 1.8，図 1.9）．

図 1.8　東京・杉並水素ステーション（オフサイト水素供給設備）．
写真提供：JX 日鉱日石エネルギー株式会社

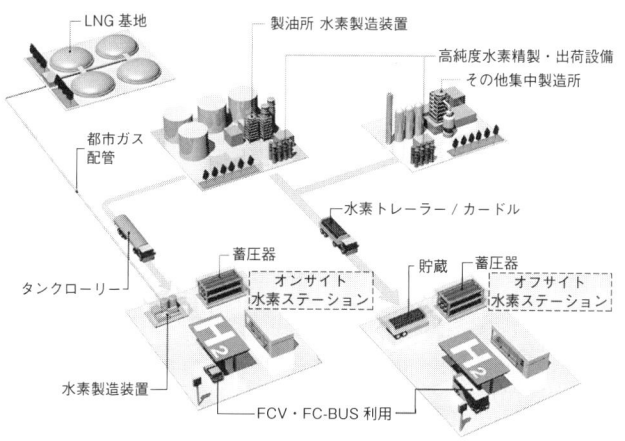

図 1.9　水素利用のイメージ図．
図版提供：水素供給・利用技術研究組合

高分子材料は，ガラスや金属材料のようにガスを100%遮断することができない[3]．現存する全ての高分子材料は，ガスを透過させてしまう．1960年代から包装材料に，高分子材料が使われ始めた．ポリエチレンやポリ塩化ビニル，ポリエチレンテレフタレートは，包装する食品を酸素や水蒸気から守るために利用された．

有機エレクトロ・ルミネッセンス (EL) や太陽電池，電子ペーパーや液晶等の電子デバイス製品には，基板にガラス材料が使用されてきた．ここに高分子材料を使用すればフレキシブル化が実現する（図 1.10）．高分子材料は軽量化や耐衝撃性等でもガラス材料よりも優れるため，必ずしもフレキシブル性を求める用途だけに使用されているわけではない．食品の賞味期限は長くても数カ月であるが，これらの用途では10年を超える特性保持が求められている．ここで水蒸気や酸素のバリア膜が求められる．有機ELや有機薄膜太陽電池に求められる水蒸気のバリア性は，ガラス材料のバリア性に匹敵する[8]．このような高いバリア性開発は，従来の食品や医薬品，電子機器包装等の包装分野の新しい展開の可能性を広げる相乗効果ももたらしている．これらの応用分野で求められる酸素および水蒸気透過度を分析評価時間として考えると，食品包装用途のガス透過性の速さを10秒台で走る100メートル走とすると，有機EL基板用途は2日かけて行われる箱根駅伝位の時間のかかり方の違いがある．後者の分析評価法は今後の材料開発のカギを握るものであり，経済産業省は2010年に国際標準

図 1.10　ロールスクリーンテレビ．
写真提供：住友化学株式会社

化政府戦略分野の一つとして，有機 EL・有機薄膜太陽電池の封止材の性能評価を挙げている．

1.3 "膜"のつながり

様々な膜機能があるが，本書では，環境技術を支える高分子膜に焦点をあてる．高分子膜を用いた分離技術は，温室効果のある二酸化炭素（第2章）や環境汚染物質である VOC（第3章）の分離回収に利用されている．クリーンエネルギー水素（第6章）の製造のための膜分離技術も注目されている．現在，世界中の水処理（第4章）は，膜分離システムが主流となるまでになった．バイオエタノール（第5章）の濃縮も浸透気化法により効率的に行える．このような分離機能は，選択性のある膜を透過する各成分の速度差が利用されているものである．高分子膜内の特定成分の移動の制御は，イオン交換膜が使用されている燃料電池電解質膜（第7章）にも関連するものである．また，特定の成分を遅く透過させる機能，すなわちバリア性は，有機 EL や有機薄膜太陽電池（第8章）のフレキシブルデバイス化に不可欠なものである．

空気（第2，3章）と水（第4章）の純化，クリーンエネルギーの精製（第5，6章）やクリーンエネルギーシステム（第7，8章）は，応用分野が異なる．そこで利用されている高分子膜には一見つながりがなさそうに見えるが，学術面での基礎は，全て高分子膜中の物質移動のコントロールである．これらの高分子膜の機能をまとめると，図 **1.11** の様になる．透過

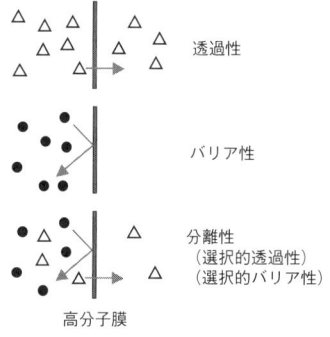

図 **1.11** 分離膜，バリア膜，透過膜の概念図．

性とバリア性は,求められる特性が正反対である.分離性は,選択的透過性もしくは選択的バリア性,つまり透過性とバリア性の特性の総合である.さらに透過性とバリア性の組み合わせは,膜中の物質の濃度コントロールにもつながる.各機能は異なるが,機能を発現させる特性,すなわち透過性(高透過性),バリア性(低透過性),分離性(選択性)は,全て高分子膜と対象となる移動物質との相互作用に基づくものである.

次章から,それぞれの高分子膜について詳細に解説する.

引用・参考文献

1) 仲川勤:「化学 One Point 11 膜のはたらき」,(共立出版, 1985).
2) D. W. Breck : Zeolite molecular sieves (Wiley, 1974).
3) 永井一清(編):「気体分離膜・透過膜・バリア膜の最新技術」,(シーエムシー出版, 2007).
4) 永井一清ら:「高分子材料・技術総覧」,産業技術サービスセンター(編),(産業技術サービスセンター, 2004).
5) K. Nagai: "Comprehensive Membrane Science and Engineering: Membrane Operations in Molecular Separations", E. Drioli and L. Giorno (Eds.), (Elsevier Science, 2010).
6) 日本膜学会(編):「膜学実験シリーズ III–人工膜編」,(共立出版, 1993).
7) K. Nagai, Y. M. Lee and T. Masuda : "Macromolecular Engineering", K. Matyjaszewski, Y. Gnanou and L. Leibler (Eds.), (Wiley-VCH, 2007).
8) 永井一清ら(編):「最新バリア技術–バリアフィルム,バリア容器,封止材・シーリング材の現状と展開–」,(シーエムシー出版, 2011).

第2章

二酸化炭素の分離・回収

2.1 はじめに

近年，地球温暖化という言葉をよく耳にする．地球温暖化とは文字通り地球の平均気温が上昇する現象であり，原因として有力視されているのが温室効果ガス（GHG: greenhouse gas）の増加である．温暖化を防止するためには GHG 排出量の削減が必要である．代表的な GHG は 6 種類であるが，排出量の多さ (全 GHG の約 95%) と温暖化への影響の大きさ (同約 60%) から二酸化炭素（CO_2）の削減が主に検討されている．

CO_2 は主にエネルギーを得るための化石燃料の燃焼で発生しており，世界全体で必要なエネルギーの約 90%は化石燃料から得ている．エネルギー消費量は生活の豊かさと密接に関連している．換言すれば，国民一人当たりの CO_2 の発生量がその国の豊かさを表しているとも言える．国民一人当たりの CO_2 の年間排出量は，先進国で約 10 トンであり，中国が 4.5 トン，インドが 1.2 トンである．発展途上国のエネルギー需要は今後益々増加する傾向にあり，その中で化石燃料に依存する構造は今後も続くと考えられる．そのため，CO_2 排出に対して対策を取らなければ 2050 年には CO_2 年間排出量が現在の約 2 倍の約 570 億トンに増加すると予測されている[1]．

化石燃料を使用しながら CO_2 の発生量を抑制する技術として CO_2 回収・貯留 (CCS) がある．図 **2.1** に，CCS の概念を示す．CCS とは，火力発電所等の大規模発生源から排出された CO_2 を分離・回収して，貯留サイトに輸送して，深さ 1000～1500m 程度の地下に圧入する技術であり，1000 年レベルの長期に亘り安定に保存することを目指している．

CCS を普及する上での課題の一つは，その高いコスト（7300 円/t-CO_2）

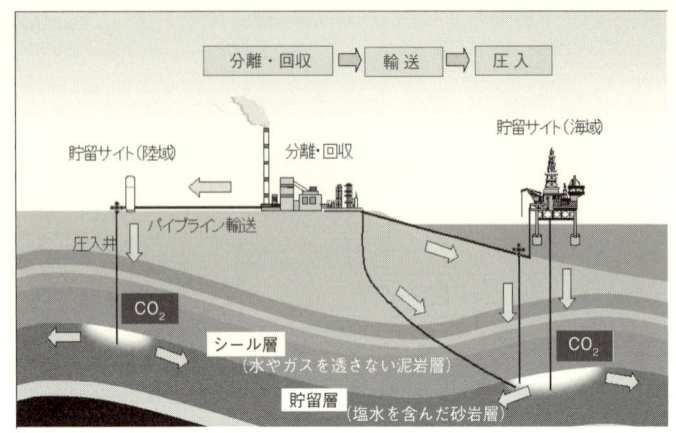

図 2.1　CO_2 回収・貯留 (CCS) の概念.

であり，その中で CO_2 回収に要するコストが約 6 割を占めている[2]．CCS の普及には安価な CO_2 回収技術の開発が重要であり，高分子系 CO_2 分離膜の開発に期待が集まる．

2.2　CO_2 分離回収技術の比較

CO_2 分離回収技術には膜分離法の他に，化学吸収法，物理吸収法，吸着法が知られている．図 2.2 に，各種の CO_2 分離回収技術の概要を示す．

化学吸収法は，アミン化合物等の塩基性物質が酸性物質の CO_2 と化学的に反応する性質を利用する方法であり，多くの用途で実用化されている．同法では，吸収塔で吸収液に CO_2 を吸収させた後に，その吸収液を再生塔で 120 ℃程度に加熱して CO_2 を放出させる．再生塔で回収された CO_2 の濃度は 99%以上であることを特徴とする．化学吸収法は石炭火力発電所や製鉄所から出る大気圧のガスからの CO_2 回収に適している．しかし，化学吸収法の従来技術は，吸収液から CO_2 を放出させる際の加熱に多くのエネルギーが必要であり，その結果 CO_2 回収コストが高い．最近，再生エネルギーが小さい新しい吸収液が開発されており，CO_2 回収コストの削減が可能となりつつある．

物理吸収法は，吸収液としてポリエチレングリコール (PEG) 等の物質が CO_2 を選択的に物理吸収する現象を利用する方法である．物理吸収液

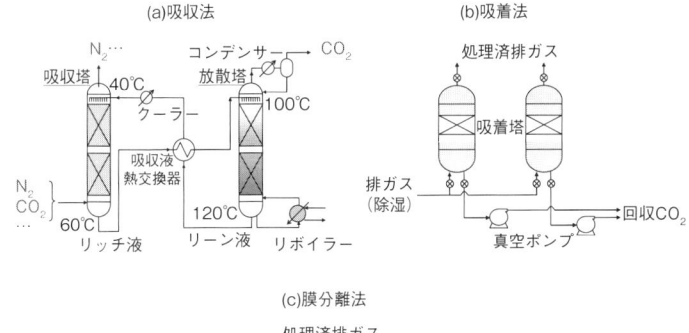

図 **2.2** 各種 CO_2 分離回収技術の概要.

の CO_2 溶解量は CO_2 の圧力にほぼ比例して増加する．したがって，高圧の CO_2 を吸収させた後に，再生塔で圧力を下げることで CO_2 を放散させることが可能であり，高圧ガスからの CO_2 回収に用いられる．

吸着法は，ゼオライトや活性炭等が CO_2 を選択的に吸着する現象を用いる．CO_2 の吸脱着に圧力差を用いる圧力スイング吸着 (PSA) 法，温度差を用いる温度スイング吸着 (TSA) 法，両方を併用した PTSA 法がある．

膜分離法は，高分子等を用いて CO_2 を回収する方法である．分離膜における CO_2 透過の駆動力は圧力差である．前述の三つの方法に比べて，理論的に最も小さいエネルギーで CO_2 を分離・回収することが可能である．現行の CO_2 分離膜の課題の一つは，供給ガスに含まれる他のガスも同時に膜を透過するので高濃度の CO_2 を得ることが難しい点である．

2.3 CO_2 分離膜の産業分野

CO_2 分離膜の歴史は古く，酢酸セルロース系の Cynara 膜を用いて米国テキサス州の Snyder にあるプラントで 1983 年から天然ガス中の CO_2 の除去が行われている[3]．Cynara 膜は，中空糸膜を束ねたパッケージエレメントをモジュール外筒に入れる構造である．図 **2.3** に膜モジュールパッケージエレメントの写真を示す[4]．1983 年の稼動時には，外径が 5 イン

Cynara Hollow Fiber Membrane Module Size Advantage

Diameter	5 inch.	12 inch.	16 inch.	30 inch.
Relative Gas Capacity	1	5	18	70
Footprint @30MMscfd	75 ft²	62 ft²	44 ft²	22 ft²
Skid Weight	31 tons	11 tons	6 tons	3.5 tons

図 2.3　Cynara 社（現 Cameron 社）の膜モジュールパッケージエレメント.
出典：A. Morisato *et al.*: Presentation for NAMS 2011, Las Vegas, NV, June 7, 2011.

チ，長さが 42 インチの膜モジュールを使用したが，2005 年には外径が 30 インチ，長さが 72 インチの膜モジュールを使用している．

図 2.3 で，パッケージエレメントの中央のパイプに CO_2/CH_4 混合ガスが供給される．CO_2 は中空糸膜の外から中に透過して，濃縮された CO_2 がエレメント外筒の端の部分から取り出される．中空糸膜を透過しなかった CH_4 は，パッケージエレメント中央にあるパイプで取り出される．外径が 5 インチの初期モジュールから外径が 30 インチとなることで，膜モジュール 1 本当たりのガス処理量が 70 倍に増加し，その結果，設置面積が 3 分の 1 に減少し，スキッドの重さは 9 分の 1 と大幅に軽くなっている．

膜分離法は競合技術である吸収法と比較して軽量であり設置面積が小さいことから，遠隔地や洋上プラットフォームにおける天然ガス生産に適している．また，少ない監視要員で運転が可能であり，運転動力を必要としないので運転コストが小さいことが特徴である．さらに，化学薬品を使用しないので，化学薬品の保管，廃棄の必要がなく，環境に優しい技術であ

ると言える.加えて必要に応じて膜モジュールを増加して処理能力を拡大することが可能である.

吸収法,吸着法等の競合技術が存在する中で,CO_2 分離膜の市場は必ずしも大きくない.しかし,各種の分離技術の中で分離膜が最も省エネルギー技術であることを考えると,地球温暖化対策技術として新たな市場を開拓できると考える.そのためには,CO_2 分離膜の性能向上が必要となる.以下では,高分子分離膜を開発する上で重要となる高分子膜のガス透過モデルを述べる.

2.4 高分子膜のガス透過モデル

1889 年に,T. Graham は高分子膜の気体透過モデルとして溶解・拡散機構を提唱した[5].図 **2.4** に,溶解・拡散機構を示す.

図 2.4 で,膜の供給側に導入された気体が膜表面に溶解し,膜の中を拡散して膜裏面に達して脱着する.ここで,供給側の気体の分圧を p_h,透過側の気体の分圧を p_l で表し,気体の膜への溶解度係数を S で表すと,膜表面で気体の濃度は以下の通りになる.

高圧側(供給側)　　　$c_h = S \times p_h$ 　　　　　　　(2.1)

低圧側(透過側)　　　$c_l = S \times p_l$ 　　　　　　　(2.2)

膜表面に溶解した気体分子は膜の中をフィックの第 1 法則に従って拡散する.ここで拡散係数を D で表すと透過流束 F_x は次式で表される.

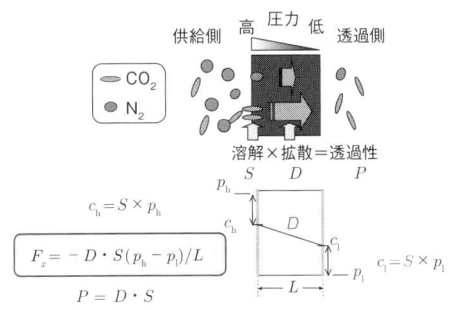

図 **2.4** 高分子膜の溶解・拡散機構.

$$F_x = -\frac{D(c_{\mathrm{h}} - c_{\mathrm{l}})}{L} \tag{2.3}$$

ここで，L は膜厚を表す．

式 (2.3) に，気体溶解の式 (2.1, 2.2) を導入すると次式となる．

$$\begin{aligned}F_x &= -\frac{D \cdot S(p_{\mathrm{h}} - p_{\mathrm{l}})}{L} \\ &= -\frac{P(p_{\mathrm{h}} - p_{\mathrm{l}})}{L}\end{aligned} \tag{2.4}$$

ここで，拡散係数と溶解度係数の積「$D \cdot S$」を気体透過係数と称して P で表す．P は高分子材料の気体透過性を示す指標であり，慣用的に Barrer という単位を用いる．

$$\begin{aligned}\text{透過係数 } P \text{ の単位}: 1 \text{ Barrer} &= 10^{-10} \mathrm{cm^3(STP) cm/(cm^2\,s\,cmHg)} \\ &= 7.5 \times 10^{-18} \mathrm{m^3(STP) m/(m^2\,s\,Pa)}\end{aligned}$$

実験的に，P は実測値である F_x を圧力差 $(p_{\mathrm{h}} - p_{\mathrm{l}})$ と膜厚 L で除して求める．D は気体透過実験の遅れ時間から求めることが可能であり見掛けの拡散係数と称する．また，ガス収着量測定から S を求めて，P を S で除して求めることができる．

図 2.4 で，CO_2 の D と S は，N_2 の D と S よりも大きく，その結果として，CO_2 の P は N_2 の P よりも大きい．

2.5 高分子膜の構造

高分子膜は，膜構造の違いから均質膜（フィルム），複合膜，非対処膜に分類される．均質膜とは，厚さが数 μm～数十 μm のフィルム状の膜で，膜全体が均質で孔のない構造である．均質膜は主に高分子材料の気体分離性能を調べる目的で使用されるが，膜厚が大きいので気体透過量が小さい．実用的な気体透過量を得るためには薄膜化が必要である．薄い分離機能を有する膜構造には，複合膜と非対称膜がある．図 **2.5** に，複合膜と非対称膜（中空糸）の膜構造を示す[6, 7]．

複合膜は多孔質支持膜の上に薄膜化した均質な分離機能層を有する構造であり，多孔質支持膜と分離機能層を異なった材料で作ることが可能であ

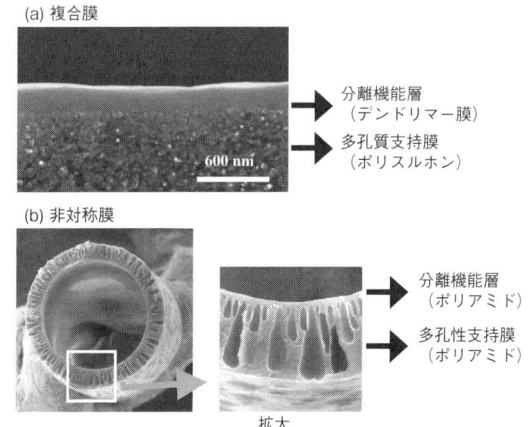

図 2.5 複合膜 (a), 非対称膜 (b) の膜構造.
出典:(a) T. Kouketsu et al.: J. Membr. Sci., **287**, 51 (2007).
(b) S. Kazama et al.: J. Membr. Sci., **243**, 59 (2004).

る.非対称膜は相転換法を用いて製造され[8]),薄膜化された分離機能層(厚さ 100〜300 nm)と多孔性支持層が同一の材料から形成されている.

分離膜の形状には平膜と中空糸膜がある.単位体積当たりに大きな膜面積を得るには,中空糸膜が有利である.

2.6 気体分離膜の性能

気体分離膜の性能は気体の透過性と選択性で表す.均質膜では,透過性として気体透過係数で,選択性として気体透過係数の比を用いる.

複合膜,非対称膜では分離機能層の膜厚を測定できない場合が多い.そこで,気体透過係数に代わり,透過流束 F_x を圧力差で除した気体透過速度(パーミアンス)用いて透過性を表す.気体透過速度の単位は慣用的に GPU (gas permeation unit) を用いることがある.

$$1\text{GPU} = 1 \times 10^{-6} \text{cm}^3(\text{STP})/(\text{cm}^2\,\text{s}\,\text{cmHg})$$
$$= 7.5 \times 10^{-12} \text{Nm}^3/\text{m}^2\,\text{s}\,\text{Pa}$$

複合膜,非対称膜の気体選択性は純ガスの透過速度の比で表す.一方で,

実用段階では操作条件を含んだ分離性能を表す必要がある.そこで,実際のガス分離実験において,供給ガス (feed) の気体 A と B のモル分率が F_A と F_B であり,透過側 (permeate) の気体 A と B のモル分率が P_A と P_B である時に,気体 B に対する A の分離係数として以下を定義する.

$$A/B\text{ 分離係数 }(\alpha) = \frac{P_A/P_B}{F_A/F_B}$$

分離係数を表す記号として α を用いることが多く,例えば,CO_2/CH_4 分離係数は $\alpha CO_2/CH_4$ と記述される.分離係数は,供給側と透過側の圧力の比が十分に大きい場合には透過速度の比に近似する.そのため,透過係数比を α で記述することもある.

図 2.6 に,各種均質膜 (高分子膜材料) の CO_2/CH_4 分離性能を示す[9].

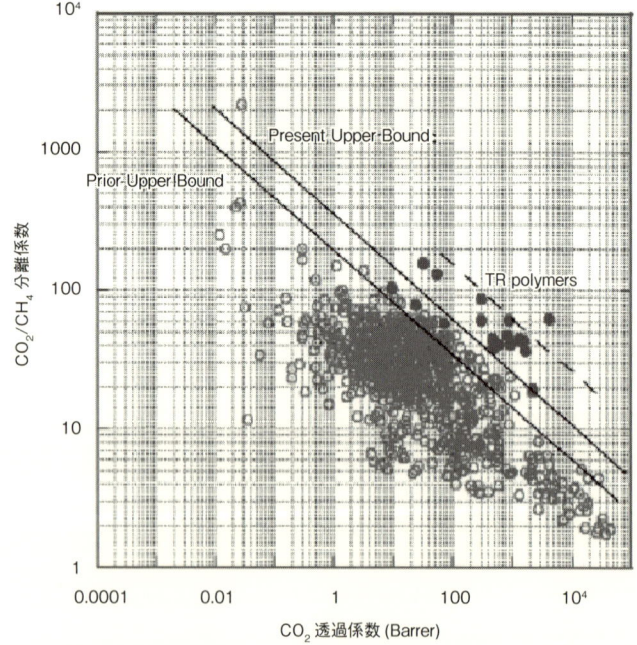

図 2.6　各種均質膜の CO_2/CH_4 分離性能とアッパーバウンダリー.
出典:L. Robeson: *J. Membr. Sci.*, **320**, 390 (2008).

横軸は CO_2 透過係数，縦軸は CO_2/CH_4 分離係数である．図で，右上に位置する均質膜が高性能であるが，透過係数が大きいと分離係数が小さいトレードオフの関係が存在する．CO_2 分離膜の高性能化のために，このトレードオフの上限（アッパーバウンダリー）を超える分離膜材料の開発が進められている．図 2.6 で，TR(thermally rearrangement) ポリマーがトレードオフの上限から右上に外れており，注目を集めている．

2.7 高分子系 CO_2 分離膜の開発

ここでは，前述の CO_2 透過速度と選択性のトレードオフの関係を克服する高分子膜の開発指針に関して，地球環境産業技術研究機構 (RITE) における CO_2/N_2 分離膜の開発を一例に論じる．図 **2.7** に，カルド型ポリイミドの化学構造を示す[10]．カルドとはラテン語で蝶番を意味し，図でビスアニリンフルオレン (BAFL) 構造等を有するポリイミドの総称として用いられる．

図に示すポリイミド (PI-1〜PI-5) は，ジアミン成分である BAFL と化学構造が異なる各種酸無水物から合成される．PI-5 は，BAFL の 50% を直鎖構造のヘキサメチレンジアミン (HMDA) で置換している．PI-6 では

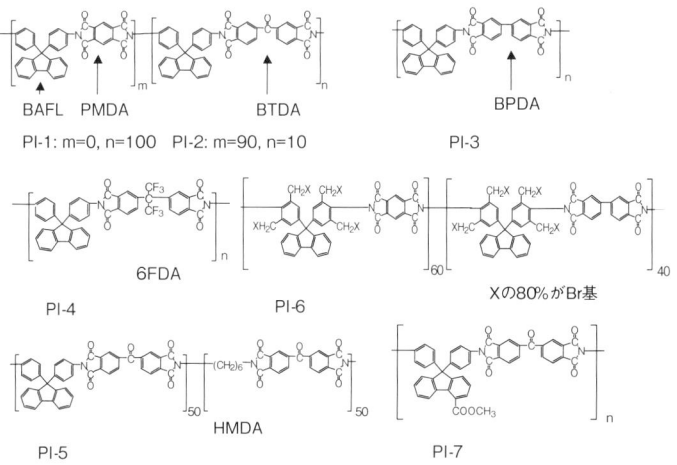

図 **2.7** カルド型ポリイミドの化学構造．

出典：S. Kazama *et al.*: *J. Membr. Sci.*, **207**, 91 (2002).

メチル基の水素の60%が臭素(Br)で置換されたBAFLを用いている。また，PI-7は4位の水素がメチルエステル基で置換されたBAFLを用いている。

図 2.8 に，カルド型ポリイミド均質膜の CO_2/N_2 分離性能を示す[10]。図で，PI-1 の CO_2 透過係数は PI-5 よりも1桁以上大きく，嵩高い BAFL 構造が高い CO_2 透過性を与えることがわかる．また，PI-1～PI-4 の比較で，剛直な化学構造を有する酸無水物で CO_2 透過係数が大きい．これは，剛直な化学構造を有するポリイミドの自由体積が大きく，その結果として CO_2 分子の拡散係数が大きいことに起因する．ポリイミドに剛直な化学構造を導入すると CO_2 透過係数が増加するが，CO_2 透過係数と CO_2/N_2 分離係数はトレードオフの関係になる．一方で，CO_2 と選択的に親和性を有する官能基を導入した PI-6 と PI-7 は，このトレードオフの関係から右上に位置しており，CO_2 分離性能に優れることがわかる．

CO_2 分離膜では CO_2 親和性を有する化学構造を導入して CO_2 溶解係数を選択的に高める分子設計が有効であり，カルド型ポリイミド以外にも，ポリエチレングリコール (PEG) 構造やアミノ基構造を有する分離膜が報告されている[1]。

優れた CO_2 分離膜の開発には，溶解・拡散機構とは異なる分離メカニ

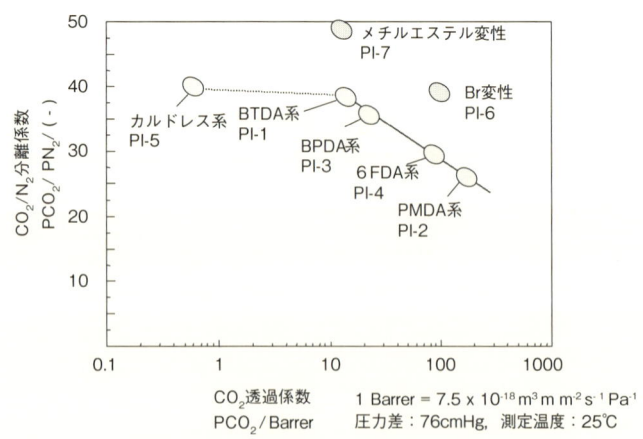

図 2.8 カルド型ポリイミドの CO_2/N_2 分離性能．

ズムの膜の開発が重要であり,その一例として CO_2 キャリアを高分子材料中に封入した促進輸送膜がある.炭酸セシウムをポリアクリル酸系の高分子材料に添加した膜は,160 ℃の高温でも高い CO_2/H_2 選択性を示している[1].RITE では,分子ゲート機能を有する新規な分離膜の開発に取り組んでいる.図 2.9 に,分子ゲート機能の概念を示す.

分子ゲート機能とは,気体分子の通路である自由体積を CO_2 が占有することで,占有した CO_2 分子が,サイズが小さい H_2 の透過をも阻害する機能である.一方で,CO_2 は濃度勾配に沿って膜中を移動する.RITE では,デンドリマーを膜材料に用いた分子ゲート膜の開発に取り組んでおり,促進輸送膜では達成できなかった高い CO_2 分圧でも優れた CO_2/H_2 分離係数である 30 を有する分離膜の開発に成功しており,実用化を目指した開発を継続している.

実用的な CO_2 透過性を得るためには,均質膜で高性能を示した膜材料を用いて複合膜や非対称膜に加工することが必要となる.したがって,膜材料は優れた分離性能に加えて,薄膜への加工性に優れることが必要となる.さらに,不純物等の第 3 成分に対する耐久性が要求される.例えば,天然

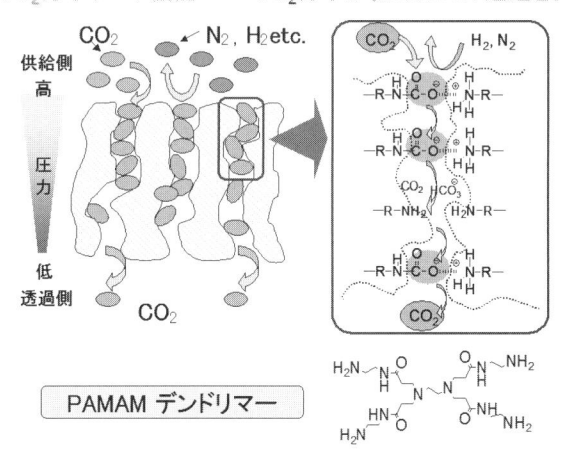

図 2.9 分子ゲート機能の概念.
(口絵 3 参照)

ガスからの CO_2 回収では,天然ガスに混在するプロパン,ブタン等の炭化水素による膨潤に耐える膜が必要となる.前述の Cynara 膜には 30 年前から酢酸セルロース系の材料が用いられているが,分離性能に優れる新規な膜材料が開発されても,その膜材料が炭化水素に対する十分な耐久を有さないことが原因である.

2.8 将来展望

地球温暖化対策として CO_2 の分離・回収を考えた場合には,CO_2 分離・回収コストの大幅な削減が必要である.経済産業省は CO_2 回収技術戦略マップを作成して,現行の 4200 円/t-CO_2 の CO_2 分離回収コストを大幅に削減する新規な技術の開発を目指している [11].マップの中で,CO_2 分離膜の開発では,石炭ガス化複合発電 (IGCC) 等の圧力を有するガス源から 2015 年に 1500 円/t-CO_2 で,2020 年に 1000 円/t-CO_2 で CO_2 を分離回収するための技術確立を目指している.CO_2 分離膜における CO_2 透過の駆動力は CO_2 分圧差であるので,圧力ガスからの CO_2 を分離する場合には大幅なランニングコスト削減が期待される.また,差圧を大きく取れるので膜分離プラントに必要となる膜面積が大気圧ガスからの CO_2 分離に比較して小さく,設備費の削減が可能となる.圧力ガス源である IGCC からの膜分離では,CO_2 と H_2 の分離が必要となり,CO_2/H_2 分離係数が 30 以上の CO_2 分離膜の開発が必要となる.

CO_2 透過速度の大幅な向上により,石炭火力発電所等の大気圧ガスからの CO_2 回収に分離膜を適用することが可能性となる.この場合,CO_2 透過係数は数千 GPU 以上が必要である.

日本は世界でも有数の膜メーカーを擁しており,分離膜の開発でも世界をリードする環境にある.日本発の高性能な CO_2 分離膜が開発されることを期待する.

引用・参考文献

1) 茅陽一 (監修):「CCS 技術の新展開」,(シーエムシー出版,2011).
2) H17FY「二酸化炭素地中貯留技術研究開発」成果報告書 (RITE).
3) J. Marquez and M. Brantana: *Oil & Gas Journal*, **104**, 51 (2006).
4) A. Morisato *et al.*: Presentation for NAMS 2011, Las Vegas, NV, June 7, 2011.
5) T. Graham: *Phil. Mag.*, **32**, 401 (1866).

6) T. Kouketsu *et al.*: *J. Membr. Sci.*, **287**, 51 (2007).
7) S. Kazama *et al.*: *J. Membr. Sci.*, **243**, 59 (2004).
8) 松浦剛:「合成膜の基礎」(喜多見書房,1985).
9) L. Robeson: *J. Membr. Sci.*, **320**, 390 (2008).
10) S. Kazama *et al.*: *J. Membr. Sci.*, **207**, 91 (2002).
11) H22FY「プログラム方式二酸化炭素固定化・有効利用技術開発(技術戦略マップ)」成果報告書 (RITE).

第3章

揮発性有機化合物(VOC)の分離・回収

3.1 はじめに

　高分子膜を用いた気体混合物の分離プロセスは，この40年余りの間に分析用途としての小さな応用から，一つの確立した工業的プロセス技術として，広くその優位性が認知されてきた．特に原油強制回収施設で，副産物として得られる天然ガスから二酸化炭素を分離回収する膜技術は，プラント規模が非常に大きなものであり，商業的に成功した膜分離技術の良い例である．また，経済的効果の面で，有機蒸気成分や価値の高いガス（例えば水素）を含む窒素などの工業排気ガスから有機蒸気成分や高価値ガスを分離・回収し再利用するプロセスとしても，膜分離技術は成功を収めている．アンモニア合成プラントにおいて，プロセス廃ガス中の水素を回収する膜分離技術[1]は，そのパイオニアであろう．

　近年においては環境汚染防止措置の厳格化により，大気汚染物質の除去あるいは汚染物質排気コントロールなどに対して，高分子膜による分離・除去・回収技術に対する注目度が増している．このような環境汚染物質のほとんどは，揮発性有機化合物(VOC: volatile organic compounds)と呼ばれる物質である．VOCは常温常圧下で揮発性を持ち，また空気などの気体に比べて凝縮しやすい(condensable)という特徴を持っている．その一例として，ガソリン貯蔵施設における，貯蔵タンクパージ排気ガスからの，ガソリン蒸気の回収などは規模の大きなアプリケーションである．さらに，地球温暖化ガスとして二酸化炭素より影響の大きい，フレオン®などのフッ素化ガスの回収も，重要な膜分離アプリケーションである．

　他の工業的プロセスの発達と比べると，比較的短時間ですばらしい進歩

と発展を遂げてきた膜分離技術であるが，その技術開発にはまだまだ解決しなければいけない問題が多くある．例えば膜分離の核である膜素材の開発では，常により高い透過性と分離性を求めて，数多くの研究がなされてきた．しかし，現実的に商業化された膜素材は，それほど多くはない．これは，高い透過性を追求すると，分離性が低くなるという，膜透過における二律背反の関係に起因することが大きい．さらに，化学的および物理的な膜素材の安定性も，大きく関わってくる．

このような背景を踏まえ，本章においては産業的に確立された VOC 分離・回収技術の解説，高分子膜による VOC 分離メカニズム，それに基づいた膜合成，将来展望について解説していく．

3.2 高分子膜による VOC 分離メカニズム

高分子膜による気体分子の分離・透過を考えるとき，その基本的メカニズムである溶解・拡散機構への理解を避けて通ることはできない．溶解・拡散機構についての詳細な解説は，優れた成書・論文[2-4]が数多くあるので，ここでは本章を読むにあたり，最低限必要な基本的事項についてのみ解説する．

また本章において，気体 (gas) と蒸気 (vapor) とを区別して述べているが，気体はその温度が臨界温度よりはるかに高い状態のものとし，蒸気とはその温度において飽和状態であるか，それに近い状態のものとする．すなわち，常温常圧において気体であるものは「気体 (gas)」とし，同じく常温常圧で個体あるいは液体であるものが，気化した状態にあるものを「蒸気 (vapor)」と呼ぶことにする．

いま気体分子 A と，それよりも小さな気体分子 B との混合気体を考える．その混合気体が高分子膜を通り抜ける（透過）ときの状況を，図 **3.1** に示す．高分子膜中に気体分子が通り抜けられるような，十分な大きさを持った通路（貫通孔等）がある場合，混合気体の透過はその粘性（すなわち分子間の衝突による抵抗）に支配され（粘性流動），成分 A と B に分離は起こらない．そしてその通路の幅が狭まっていき，気体分子の平均自由行程よりも狭くなると，分子間の衝突よりも通路壁面との衝突抵抗が増大し，大きな気体分子 A の透過が小さな気体分子 B よりも制限され（クヌーセン流れ），成分 A と B 間に分離が起こる．通路の幅がさらに狭まり，その幅が大きな気体分子 A の分子径よりも小さくなると，気体分子 A は透過

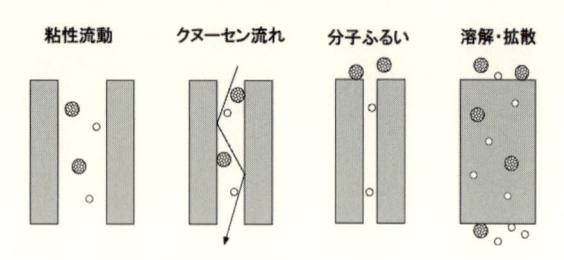

図 3.1 各種の高分子膜中を透過する気体分子の透過挙動.

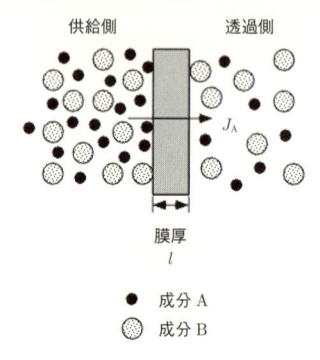

図 3.2 溶解・拡散機構.

● 成分 A
◎ 成分 B

することができなくなり，通路よりも小さな成分 B のみが透過できる（分子ふるい）ことになる．通路幅がさらに縮まり，膜素材の高分子鎖が熱運動することによってできる，高分子鎖間隙（自由体積）のみが存在する場合（非多孔膜），気体分子は溶解・拡散機構に寄って，膜中を透過していくことになる．この場合，気体分子によって異なる（膜への）溶解性と（膜中での）拡散性に従い，気体分子間に分離が起こる．本章では，すべてこの溶解・拡散機構による VOC 分離膜について述べる．

いま厚さが l である高分子膜を透過する，気体成分 A と B の混合物を考える（図 3.2）．膜の左側が供給側（feed 側），右側を透過側（perm 側）とするとき，それぞれの側での成分 A の分圧力には $p_A^{\text{feed}} > p_A^{\text{perm}}$ の関係があるとする．このときの成分 A の透過流束 J_A は，P_A を透過係数として

$$J_A = \frac{P_A(p_A^{\text{feed}} - p_A^{\text{perm}})}{l} \tag{3.1}$$

で表される.また透過係数 P_A は,拡散係数 D_A および溶解度係数 S_A を用いて,以下のように表せる.

$$P_A = D_A \cdot S_A \tag{3.2}$$

A と B の 2 成分間の分離性を表す分離係数 $\alpha_{A/B}$ は,2 成分の透過係数 P_A および P_B の比 $\dfrac{P_A}{P_B}$ であるので,式 (3.2) を用いて

$$\alpha = \frac{P_A}{P_B} = \left(\frac{D_A}{D_B}\right)\left(\frac{S_A}{S_B}\right) \tag{3.3}$$

となる.式 (3.3) 中の $\dfrac{D_A}{D_B}$ と $\dfrac{S_A}{S_B}$ は,それぞれ拡散分離係数,溶解分離係数と呼ばれる.拡散性と溶解性が,透過性に与える効果を図 **3.3** に示す.この図に示されるように,気体分子の大きさが増えるに従い,透過性は低くなる.また気体分子の凝縮性が高いほど,透過性は高くなる.したがって一般的には,剛直な高分子鎖を持つガラス状高分子においては,拡散性の違い(分子径の違い)によって分離挙動が支配され,逆に比較的柔軟な高分子鎖を持つゴム状高分子においては,凝縮性(溶解性)の差によって分離挙動が支配されることになる.

VOC などの有機蒸気 (vapor) 選択性の膜素材を考える際,ガラス状高分

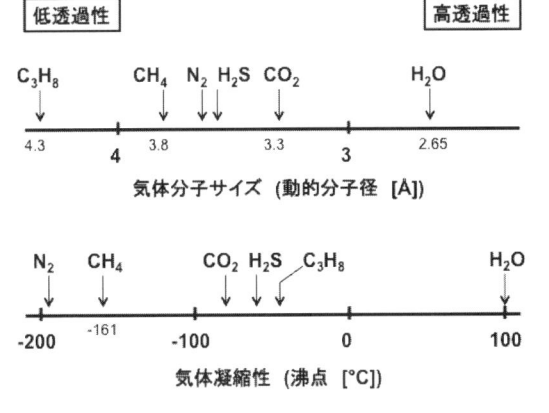

図 **3.3** 気体分子の拡散性(動的分子径)および溶解性(凝縮性)と透過性の関係.

子においては有機蒸気 (vapor) の拡散性 D_{vapor} よりも，非凝縮性である分子径の小さな通常気体 (gas) の拡散性 D_{gas} の方がはるかに大きく，したがって有機蒸気の拡散分離性は 1 よりも非常に小さくなる ($D_{vapor}/D_{gas} \ll 1$)．一方，ゴム状高分子においては，拡散性の違いにそれほどの差異がなく，拡散分離性は 1 よりも多少小さくなる程度である ($D_{vapor}/D_{gas} < 1$)．また，有機蒸気の溶解性は通常気体の溶解性よりも非常に大きいので，ガラス状高分子およびゴム状高分子の溶解分離性は，ともに 1 よりも大きくなる ($S_{vapor}/S_{gas} \gg 1$)．その結果，有機蒸気の通常気体に対する分離性 α_{gas}^{vapor} は，拡散分離性 D_{vapor}/D_{gas} と溶解分離性 S_{vapor}/S_{gas} の効果が，それぞれに打ち消す影響で，ガラス状高分子では $\alpha_{gas}^{vapor} = P_{vapor}/P_{gas} < 1$ となり，一方ゴム状高分子では $\alpha_{gas}^{vapor} = P_{vapor}/P_{gas} > 1$ となる．このことは，すなわち既存の膜素材においては，ゴム状高分子を用いることが，VOC 分離回収における膜素材選択の根拠といえる．

図 **3.4** に各種気体分子の臨界状態における単位モル体積に対する，ゴム状高分子（ポリジメチルシロキサン）とガラス状高分子（ポリスルホン）の透過性を示す．ポリジメチルシロキサン (PDMS: polydimethylsiloxane) においては，水素やヘリウムのように小さな分子径の気体よりも，プロパンやブタンといった大きな分子径を持つ気体の方が，より高い透過性を示している．一方，剛直な分子鎖を持つガラス状高分子であるポリスルホン

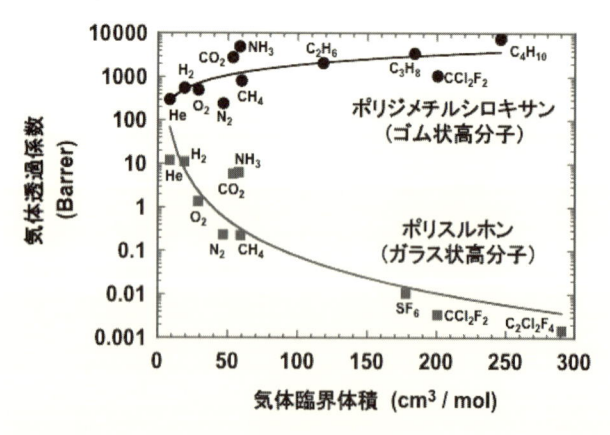

図 **3.4** 異なる気体分子に対するポリジメチルシロキサンとポリスルホンの気体透過挙動．

においては,分子径の小さな気体分子が,より高い透過性を示すことがわかる.これらの事実により,空気などからのVOCの分離においては,微量成分である大きな分子径のVOCを,選択的に透過させる性質を持つ高分子膜,すなわち溶解分離性の高い高分子材料の開発が求められてくる.

3.3 高分子膜によるVOC分離

図 **3.5** に,他の分離回収技術と比較して,VOC膜分離回収技術の適用範囲を示す[5].この図に示されるように,処理ガス中のVOC濃度が1.0%以下においては,活性炭やゼオライトなどの吸着剤を利用した,圧力スイング吸着法(PSA)などの吸着技術が,キャピタルコスト(CAPEX)と運転コスト(OPEX)において,膜による分離技術と競合するようになる.さらにVOC濃度が0.1%以下になると,吸着技術の方が明らかに優位となる.一方,10%以上においては,深冷分離法(cryogenic distillation)などの液化分離技術と競合するようになる.膜による分離技術が,経済的に他技術に対して,明らかに優位となるのは,処理ガス中のVOC濃度が,1.0%から10%の間であることがわかる.しかし,この膜技術の優位性は現在の技術レベルに基づく算定であるので,新規膜の開発やプロセスの改善,効率

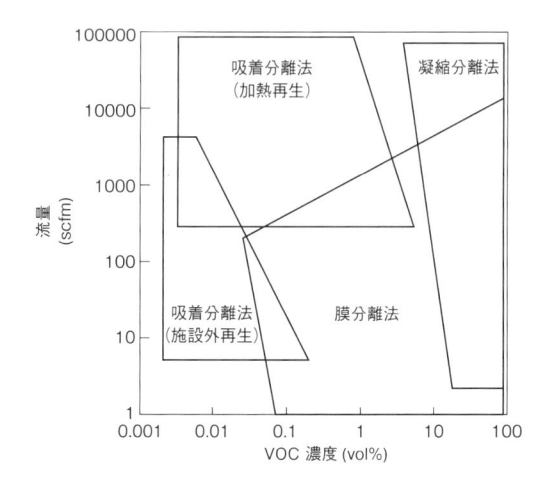

図 **3.5** VOC濃度および処理流量における各種VOC分離技術適用の優位性.
 出典:R. W. Baker : "Membrane Technology and Applications", (Wiley, 2004).

的なプラントの設計などの技術進歩により，近い将来においてはかなりの範囲で膜分離技術が優位になると考えられる．その具体的な例として，膜技術が優位であるとされている VOC 濃度 1.0%から 10%の間においても，いままで PSA 法や深冷分離法が圧倒的に優位であった，総処理流量 8000 SCFM 以上の応用において，効率的なモジュールの開発により，膜分離による経済的優位性が広がってきた．

高分子膜による VOC 分離研究が始まった当初においては，まだ環境に対する興味と注目度が低く，商業的な興味は高分子合成過程における未反応モノマーや，工業プロセス排気ガスに含まれるクロロフルオロカーボン (CFC) やハイドロフルオロカーボン (HCFC) 等の，有用 VOC 成分の回収による経済効果が重視されていた．そのため，最初に開発・実用化されたのが，比較的システムサイズの小さな，工場排気ガスからの CFC・HCFC などの分離・回収装置であった．このようなシステムでは，キャピタルコストやインストレーションコストが，ほぼ 1 年以内で回収できる程度の規模であった．しかし，近年の法令強化による工業冷媒用途での CFC や HCFC の使用禁止廃絶が急速に進み，現在ではこれらの膜分離装置市場需要は，ほとんど無くなってしまった．それに変わる応用として，半導体工業におけるプラズマ洗浄工程からの，高価値である C_2F_6 や SF_6 を微量 (0.5〜1.0%) に含む窒素混合排気ガスの分離需要が見込まれたが，C_2F_6 から廉価な NF_3 への変換により，この市場需要もまた自然消滅していった．

次に開発実用化されたのは，ガソリン等移送・貯蔵施設における，炭化水素蒸気の回収装置であった．この装置はより規模が大きく，回収される炭化水素蒸気の価値がこの技術の普及を進めたが，より大きな技術の推進力は，環境への汚染防止が厳しくなったことによる．そのためほとんどの装置は，いち早く環境基準が厳しく法律で規制されるようになったドイツを始めとするヨーロッパに設置された．このことは，膜による VOC 分離技術が，プロセスの経済性改善だけではなく，環境汚染防止・軽減に有効な手段であることを広く認識させる大きな動きとなった．ガソリンスタンドにおける炭化水素蒸気回収システムの一例を，図 **3.6** に示す[6]．米国カリフォルニア州では，ガソリン売り上げ 1200000L/月あたりで，3800L/月相当の回収効果を上げている．

そして現在のところ一番の成功例とされているのが，ポリ塩化ビニル・ポリエチレン・ポリプロピレンなどの，工業的に重要な高分子合成プロセ

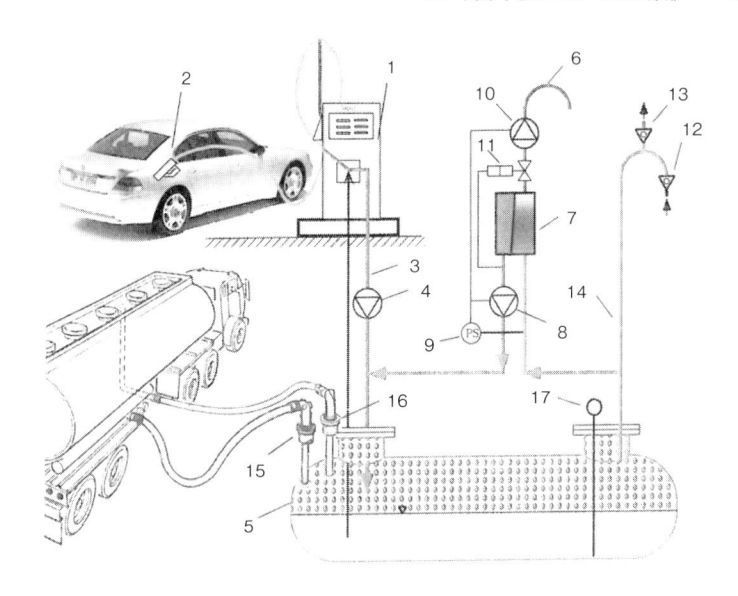

図 3.6 ガソリン貯蔵設備における有機蒸気回収システム.
1. 給油計量器, 2. 給油ノズル, 3. 回収ガスライン, 4. 回収ガスポンプ, 5. 地下貯蔵タンク, 6. 残留ガス, 7. 分離膜モジュール, 8. 真空ポンプ, 9. 圧力スイッチ, 10. 残留ガスポンプ, 11. 油圧式残留ガスバルブ, 12/13. 圧力調整バルブ, 14. 圧力調整ライン, 15/16. 貯蔵タンク給油口, 17. 液面計

出典:K. Ohlrogge and K. Stürken: "Membrane Technology in the Chemical Industry", S. P. Nunes and K.-V. Peinemann (Eds.), (WILEY-VCH, 2006), p.93.

スにおける,各未反応モノマーの分離・回収装置である.図 **3.7** にポリプロピレン合成生産工程における,未反応モノマー(プロピレン)の膜分離回収システムの例を示す[7].合成された各ポリマーには,多量の未反応モノマーが含まれている.その未反応モノマーは,窒素やアルゴンなどの不活性ガスをパージすることにより,製品であるポリマーから分離している.しかし,分離された未反応モノマーと不活性ガスの混合気体は,焼却廃棄されるかあるいはそのまま希釈排気されていた.この排気ガスより未反応モノマーを分離・回収し,反応炉へとリサイクルすることにより,環境と経済効果の両方に優位な効果を上げている.一例としてのポリプロピレン

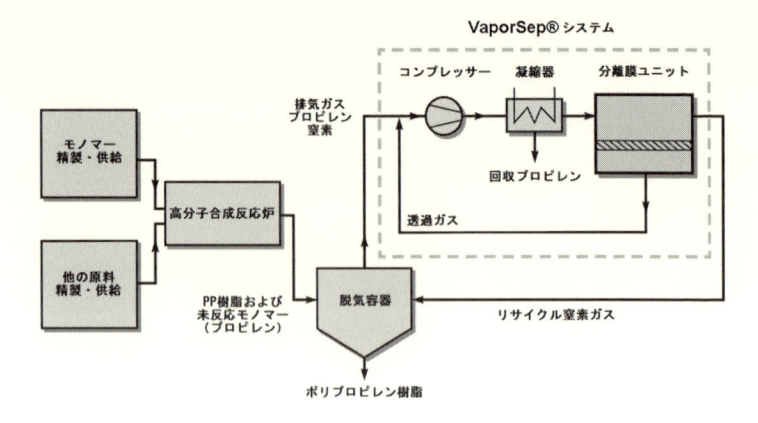

図 3.7 ポリオレフィン生産工程における未反応モノマーの回収膜分離システム．
出典：Membrane Technology and Research, Inc.: "Brochure: VaporSep® Systems for Petrochemicals", (2011).

のプラントでは，年間 100 万米ドル相当の未反応モノマーが，再び反応炉へとリサイクルされている．

3.4 VOC 分離に用いられる高分子材料

気体分離膜材料についての全般的な情報は，多数の良書および発表論文等[5, 8-14]があるので，それらを参考文献として紹介するにとどめ，ここでは VOC 分離に用いられる高分子材料としての膜素材について述べていく．

前述したように，高分子膜による気体・蒸気分離においては，微量成分（不純物）を大部分の小さな分子径の気体成分から選択的に分離することが，経済的にもエネルギー効率的にも有効な分離である．そのためには，微量成分である VOC を選択的に透過させる「膜素材（高分子材料）」が用いられる．分子サイズが大きく凝縮性の高い VOC を選択的に透過させるには，VOC の持つ凝縮性の高さ，すなわち膜素材に対する溶解性の高さを利用する．このことは必然的に，ゴム状高分子材料を膜素材として用いることになる．その代表的な材料として，現在商業的に最も成功している膜素材が，PDMS を始めとする改良シリコーンである[5, 15, 16]．

最近の高分子材料化学の発展はめざましいものがあるが，気体・蒸気分離膜用途の高分子膜材料となると，それほど多くの材料が商業的な成功を収め

ているわけではない．現在，商業的に使われている材料の代表的なものを挙げてみると，セルロース系材料 (CA, CTA, EC)，臭素化ポリカーボネート (Br-PC)，ポリジメチルシロキサン (PDMS)，ポリイミド (Matrimid®)，ポリメチルペンテン (TPX®)，ポリフェニレンオキサイド (PPO)，ポリサルホン (PSF)，ポリエーテルイミド (PEI) 等がある．もちろん，この 20 年余りの間に研究されてきた材料を，研究論文発表等から探してみると，有機・無機材料を問わずかなりの数に上るが，そのほとんどを占めるのはポリイミド系の材料であろう．しかし，ポリイミドを含む新規合成ポリマーのほとんどは，例外無く（合成法や原料が）とてつもなく高価なものであり，従来の高分子材料に比べて，分離膜性能が衝撃的に改善されたというほどでもなく，あるいは現実的な分離条件では，実験室での性能を発揮できないものであった．

　無機材料においては，その化学的安定性や高温度耐性などが注目を浴びているが，蒸気分離材料としての用途は，ほとんど見いだされていない．その一番の理由は，材料合成の複雑さと，モジュール化の難しさが挙げられる．材料の剛性に基づく安定性という利点が，薄膜化やモジュール作製時に，柔軟性に乏しく，時として脆くもあるという欠点となるのである．気体膜分離全体としてみても，無機材料の用途・応用は非常に狭い範囲であり，高純度水素分離膜への応用が，唯一商業的に確立しているだけである．参考までに気体分離膜として開発研究が行われている無機材料には，カーボン・モレキュラー・シーブ (CMS)，ナノ多孔カーボン，ゼオライト，超微多孔非結晶シリカ，パラジウム合金，チタン複酸化物 (perovskites) などがある．

　最近の研究として有機ポリマーに対する熱分解反応 (pyrolysis) を利用した炭化膜 (carbon membrane) があるが，これはポリイミドなど芳香環を構造に持つ有機ポリマーを，窒素などの不活性ガスの存在下において，高温で熱分解反応を起こさせ，高分子構造の再配置を起こさせたものである．従来のカーボン分子ふるい膜 (CMS) との違いは，ある程度の柔軟性を保ったまま，CMS としての気体透過分離性能を持たせることができることである．これらの新しいカーボン化膜は，TR(thermally rearranged) 膜と呼ばれる[17]．

　一つのアプリケーションが決定し，そのアプリケーションに対する最適な膜材料を開発するとき，あるいは膜材料が決定しており，それを利用し

たアプリケーションを考える際，そのアプリケーションに対する理解と知識も大事な要因となる．言葉を代えると，現在得られる膜材料の性能で分離回収システムを構築するには，そのアプリケーションに最適な運転条件ならびにシステムを設計した上で，経済的な優劣をもとに商業化を考えなければならない．仮に膜材料そのものの性能が，他の技術に比べて経済的に不利なものであったとしても，最適なプロセス・デザインを見いだすことで，システム全体として経済的に競争可能な応用となることがある．そのためには，膜の性能のみならず，システムとしての総合性能，そしてアプリケーションに対する深い知識，あるいはアプリケーションを持つ顧客との，統合的に密な関係を築いていくことが，膜による分離回収技術に対する認識を広げるために，重要なことである．

3.5 将来展望

気体分離・回収技術としての膜分離技術は，1980年代初頭における最初の気体分離膜システム開発の商業的・工業的成功により急速に進歩を重ね，今では一つの重要な工業プロセスとして広く認知されてきた．しかし，VOC分離技術としての応用と研究は，20年余りの実地データの積み重ねを経て，より効率の良い膜素材やプロセスの開発を求めて，これからの新たな進歩が大いに期待される分野である．

環境に関連した分野としては，大気汚染基準法令等のより厳格化にともない，環境ホルモン等の有害物質の除去にも膜分離技術が期待されているが，この分野での研究の進展は遅く，また規模の小ささから企業による研究というよりも，まだまだ学際における基礎研究の段階である．しかし，大気中より二酸化炭素やフルオロカーボンといった，地球温暖化の要因となっているガスの分離回収など，未来に続く長期的な基礎研究・プロセス開発が非常に重要な課題として，世界規模での研究協力が行われている．

現在もっとも商業的な成功が期待されているプロセスとして，天然ガス処理設備における液化天然ガス分離回収（C_3^+炭化水素分離回収），窒素-メタン分離，硫化水素（H_2S）の分離なども，VOC膜分離技術に関連した分野である．また石油精製処理における，VOC同士の混合蒸気の分離も規模が大きく，商業的にも工業的にもこれからの膜分離技術の応用発展が，大いに期待される分野である．

有機蒸気の膜分離回収技術は，市場規模でいうと他の分離回収技術に比

べて，現在においてはまだ「市場の隙間」を繋ぐ技術である．しかし，環境問題等への関心の増大から，焼却や単純廃棄から分離回収へと，その求められる技術が変化している．膜による分離回収技術の特長として，シンプルなプロセス，操作・メインテナンスの簡便性，分離膜ユニットの長期性能など，他技術に比べて低いキャピタルコストや運転コストといった経済的優位性が挙げられる．これらが実際のプラントにおいて示されることにより，膜による分離回収技術が信頼性の高い，優れた技術であることが，分離膜技術の技術進歩とともに広く認められてきている．これらの事例は，これからの技術躍進とともに，膜による分離回収技術の導入に強い動機となっていくはずである．

引用・参考文献

1) L. D. MacLean, W. A. Bollinger, D. E. King and R. S. Narayan: "Recent Developments in Separation Science", N. N. Li and J. M. Caro (Eds.), (CRC Press, 1986).
2) S. G. Gharati and S. A. Stern: *Macromolecules*, **31**, 5529 (1998).
3) E. Smit, M. H. V. Mulder, C. A. Smolders, H. Karrenbeld, J. V. Eerden and D. Feil: *J. Membr. Sci.*, **73**, 247 (1992).
4) J. G. Wijmans and R. W. Baker: *J. Membr. Sci.*, **107**, 1 (1995).
5) R. W. Baker: "Membrane Technology and Applications", (Wiley, 2004).
6) K. Ohlrogge and K. Stürken: "Membrane Technology in the Chemical Industry", S. P. Nunes and K.-V. Peinemann (Eds.), (WILEY-VCH, 2006), p.93.
7) Membrane Technology and Research, Inc.: "Brochure: VaporSep® Systems for Petrochemicals", (2011).
8) D. R. Paul and Y. P. Yampol'skii (Eds.): "Polymeric Gas Separation Membranes", (CRC Press, 1994).
9) B. D. Freeman and I. Pinnau (Eds.): "Polymer Membranes for Gas and Vapor Separation", (ACS, 1999).
10) Y. Yampolskii, B. D. Freeman and I. Pinnau (Eds.): "Materials Science of Membranes for Gas and Vapor Separation", (John Wiley & Sons, 2006).
11) R. E. Kesting and A. K. Fritzsche: "Polymeric Gas Separation Membranes", (John Wiley & Sons, 1993).
12) W. J. Koros and G. K. Fleming: *J. Membr. Sci.*, **83**, 1 (1993).
13) A. Stern: *J. Membr. Sci.*, **94**, 1 (1994).
14) N. Toshima (Ed.): "Polymers for Gas Separation", (WILEY-VCH, 1992).

15) R. W. Baker: "Advanced Membrane Technology and Applications", N. N. Li, A. G. Fane and W. S. W. Ho (Eds.), (John Wiley & Sons, 2008).
16) S. P. Nunes and K.-V. Peinemann (Eds.): "Membrane Technology in the Chemical Industry", (WILEY-VCH, 2006).
17) S. H. Han, N. Misdan, S. Kim, C. M. Doherty, A. J. Hill and Y. M. Lee: *Macromolecules*, **43**, 7657 (2010).

第4章

水処理技術

4.1 はじめに

4.1.1 世界の水問題

　地球は「水の惑星」と言われ豊富な「水」で覆われているが、その約97.5%は海水であり、河川・湖沼等のそのままで利用できる水資源はわずか0.01%程度にすぎない。一方、産業革命以降の人口増加と急激な工業化によって、水資源の不足と水源水質の悪化が起こり、世界の人口約60億人の内、アジア・アフリカを中心に約11億人が生活用水に困り、約24億人が衛生的な下水処理設備を持たないと言われており、水不足は世界レベルの課題として認識されている[1]。

　日本は、水が豊富と思われているが、夏には四国・九州の一部で水不足に見舞われる。また、現在食料自給率は約40%であり、輸入食品量を水使用量に換算すると約400億トンに上り、実に日本の年間水使用量900億トンの半分近くになる。これは、穀物1トンを生産するのに約1000トンの水を必要とするからである[2]。

　世界の人口は益々増加し、産業も発展するため、水資源の不足と水質汚濁はさらなる進行が予想される。今後十分な水源を確保しにくくなることは確実であるため、水源を河川や湖沼の表流水・地下水から、海水、さらには下廃水に求めることが必要となってくる。

4.1.2 水処理用分離膜

　人間は古代から水辺近くに住み、文明を発達させてきた。自然の水をほとんど処理せずに使用し、排水は自然の浄化作用に任せていた。急速な工

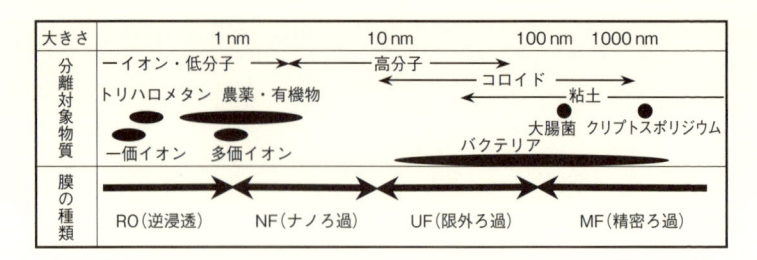

図 4.1 分離対象物質と水処理用分離膜の種類.

業化および加速度的な人口増加に伴って，清浄な水源が足りなくなり，排水による水源水質汚染も発生し，砂ろ過や微生物による排水処理が行われるようになった．1990 年代になって，このような従来の浄化技術では処理速度・処理量ともに不十分になり，高速で適度なコストで水を浄化できる「膜利用水処理技術」が活用され，市場拡大が進んできた．水処理用分離膜はその平均孔径と分離対象によって逆浸透 (RO) 膜，ナノろ過 (NF) 膜，限外ろ過 (UF) 膜および精密ろ過 (MF) 膜の 4 種類に大別される（図 **4.1**）．

RO 膜は水中の無機イオンや低分子量有機物を除去できる半透膜で，海水淡水化，かん水淡水化などの脱塩分野，超純水製造，有価物回収や廃水再利用など様々な水処理プロセスで普及している．NF 膜は RO 膜と UF 膜の中間的分離性能を示す膜で，溶解しているイオンや有機物の種類によって分離性能が異なる特徴を持っている．硬水の軟水化や抽出液の濃縮などに利用され，近年では上水道分野へも利用されるようになった．UF 膜と MF 膜は除濁・除菌用途を中心に飲料水製造，下廃水処理，工業用水製造等の用途に展開されている．

4.1.3 水処理用分離膜産業

日本には，世界に水処理用分離膜を供給する膜メーカーが多数ある．例えば，RO 膜および NF 膜では，東レ，日東電工，東洋紡が挙げられ，UF 膜および NF 膜では，東レ，旭化成，三菱レイヨン，クボタ等を挙げることができる．多くが繊維やフィルムメーカーであることがわかり，高分子の精密加工技術が分離膜に応用されていることが示唆される．

2006 年までの世界の水処理用分離膜累積出荷量は，造水量ベースで約 3200 万（m^3/日）に上り，年率 20%程度で増加している．図 **4.2** に日本

の膜メーカーのシェアを示した．全種類の膜において約60%のシェアを誇り，海水淡水化用RO膜に至っては70%に達している[3]．もはや，日本の分離膜なしでは世界の水需要を満たすことができないと言っても過言ではない．

本章では，RO膜，UF膜，MF膜の歴史，最新の研究，水処理への応用，将来展望について述べる．

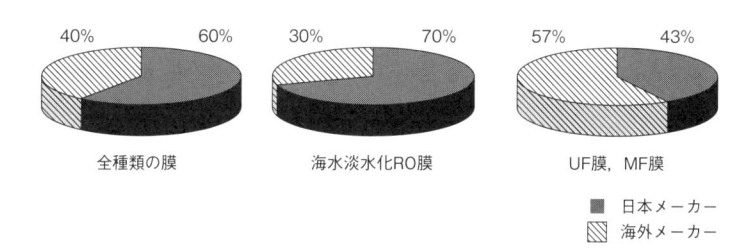

図 4.2 水処理用分離膜の日本と海外シェア．
(膜分離技術振興協会 2007 年調査結果)

4.2 各種水処理用分離膜の技術

4.2.1 RO膜

図4.3にRO膜による水の透過原理を示す．半透膜(この場合はRO膜)を介した濃度の異なる溶液が平衡に達しようとして，希薄溶液の溶媒が濃厚溶液側へ移動することを「浸透」といい，濃度が平衡に達したとき，両液

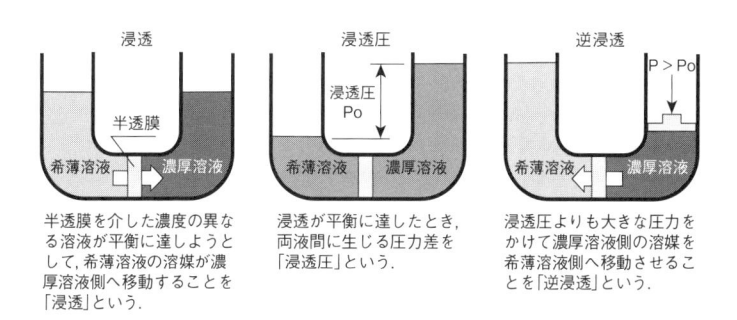

図 4.3 逆浸透法の原理．

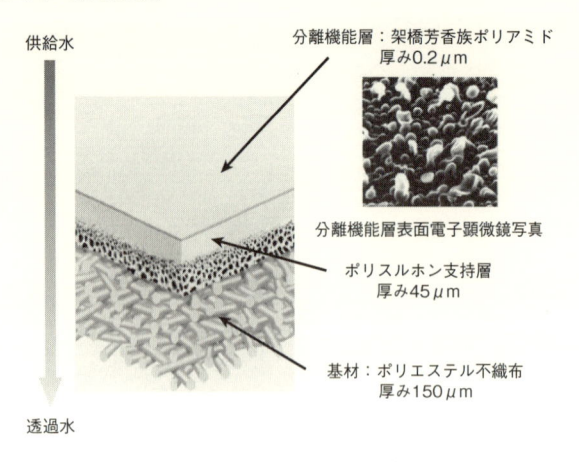

図 4.4 ポリアミド複合膜の構造.

間に生じる圧力差を「浸透圧」という．RO 膜による分離技術では，この浸透圧よりも大きな圧力を濃厚溶液側にかけ，溶媒を希薄溶液側へ移動させることを「逆浸透」といい，溶解塩や低分子量有機物を除去することが可能となる．濃厚溶液を海水，溶媒を水とすると，海水にその浸透圧を超える圧力をかければ，海水から水を取り出すことができ，これは「海水淡水化」と呼ばれている．圧力は塩濃度や温度によって異なるが，5.5〜7.0MPa という大きな圧力で運転される．

RO 膜は，まず酢酸セルロース膜が開発され，続いて 1970 年代にポリアミド系の複合膜が開発された．以来，水質向上と省エネルギー・低コスト化を目標に，塩排除率を高め，高造水量化を図ることによって，現在では架橋芳香族ポリアミド系複合膜が主流となっている．複合膜の形態模式図を図 4.4 に示す．RO 膜は高圧で運転されるため，高圧に耐えるように，基材，ポリスルホン支持層，架橋芳香族ポリアミド系分離機能層の 3 層構造になっている．機能発現を司る分離機能層は界面重縮合反応で形成され，走査型電子顕微鏡写真 (SEM) に示すように数百 nm オーダーのひだ構造を有している．

架橋芳香族ポリアミド系 RO 膜は，1980 年代から超純水製造分野で使用されるようになり，1990 年代にはかん水淡水化（かん水とは，塩濃度の高い地下水や湖沼等の水）や海水淡水化のプラントで使用されるようになっ

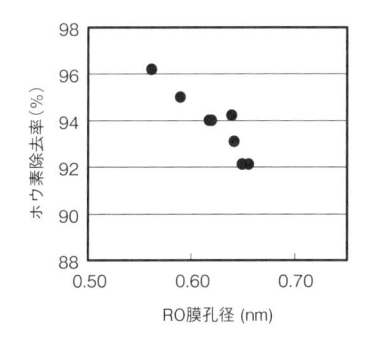

図 4.5 RO 膜孔径とホウ素除去率の関係.

た．21 世紀に入ると大型の海水淡水化プラントや下廃水再利用プラントで使用されるようになり，市場が急拡大している．これについては他の分離膜と組合せて使用するため後述するが，ここでは最新の海水淡水化 RO 膜の研究について述べておく．

海水淡水化における RO 膜の課題は，① 高品位の透過水を，② 省エネルギー・低コストで得ることである．したがって，海水淡水化 RO 膜エレメントの目標は，塩排除率を高く，造水量を大きくしながら，耐圧性を高めることであった．近年，架橋芳香族ポリアミド系 RO 膜を用いて，塩分を 99%以上除去し，海水 100 から 40 の真水を得ることができるようになった [4,5]．

海水中に 5mg/L 程度含まれるホウ素（ホウ酸）は植物の必須元素であるが，過剰投与によっては成長阻害が懸念される．海水淡水化向け RO 膜のホウ素除去率は 90%程度であったため，海水中のホウ素濃度と要求水質に応じたさらなるホウ素除去率の向上が期待されていた．RO 膜では膜を形成する架橋芳香族ポリアミドに存在するサブナノメートルの分子鎖間隙を物質が透過すると考えられているが，電子顕微鏡を用いても観察することはできない．そこで，RO 膜のポリアミド分子鎖間隙を測定するために，陽電子消滅寿命測定法 (PALS) の適用を試みた．その結果，図 4.5 のように分子鎖間隙（細孔）の大きさとホウ素除去率とには相関関係があることがわかった．細孔が 0.70nm から 0.56nm の間でホウ素除去率が 90%から 96%に変化し，細孔が小さくなるとホウ素除去率が向上する．海水中無荷電分子として振舞うホウ酸（分子径：約 0.4nm）の除去率を上げるためには

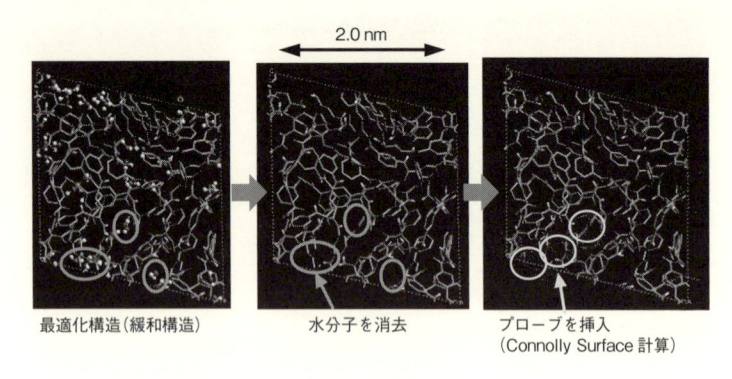

図 4.6 分子動力学計算による RO 膜細孔径シミュレーションの結果.
（口絵 4 参照）

この細孔の制御が重要と考えられた．さらに固体 ^{13}C-NMR（核磁気共鳴）法により，ポリアミド分子の単位構造モデルを推定してモデル分子を構築した．このモデル分子と水分子の関係を分子動力学 (MD) シミュレーションで最適化した結果，孔径は 0.6～0.8nm であると推定された（図 4.6）．これらの知見をもとに，優れたホウ素除去性能を有するための孔径を規定し，RO 膜の分子設計を行い，ホウ素除去性能の高い海水淡水化用 RO 膜を開発した [6]．

既に海水淡水化では，RO 膜法による造水量が約 1000 万 m^3/日以上に達し，これまで主流だった蒸発法よりも多くなっている．中東，北アフリカ，南欧を中心に 20 万 m^3/日以上の海水淡水化プラントが建設，稼働しており，中国，アジア地域でも活発化している．

4.2.2 UF 膜と MF 膜

UF 膜，MF 膜としては，中空糸膜型，管状膜型，平膜型があるが，中空糸膜型が多く使用されており，膜素材は，ポリアクリロニトリル (PAN)，酢酸セルロース (CA)，ポリエチレン (PE)，ポリプロピレン (PP)，ポリスルホン (PS)，ポリエーテルスルホン (PES)，ポリフッ化ビニリデン (PVDF) など多様なポリマーが使用されてきた．それぞれに特徴があり，各社とも独自の設計思想のもと，得意な保有技術を活用して市場の要求を満たす高性能膜の製品開発を行っている．

UF 膜，MF 膜は河川や湖沼，海水を直接ろ過する場合が多いため，30 分程度ろ過した後，逆圧をかけて透過水で洗浄（逆洗）し，気泡で中空糸膜を振とうして洗浄（物理洗浄）し，さらに，数ヶ月から 1 年に 1 回薬品で洗浄して長期間使用する．したがって，① 汚れにくく，かつ物理洗浄回復性が高いこと（薬液洗浄頻度を減らし，ランニングコストを低減），② 洗浄用薬液への耐久性が高く，膜寿命を延ばせること，③ 物理的強度が高いこと（安全確保のために膜破断が起こらない）が求められており，それぞれ目的に応じて膜素材を使い分けることができる．

① の「汚れにくさ」の指標の一つに親水性があり，水との接触角やゼータ電位などの測定から評価することができるが[7,8]，多孔質体では再現性の高い測定が難しく，膜構造や筐体（モジュール構造），運転方法などによる影響も受けるため，素材だけからの比較から定量的に見積もることは難しい．一般に親水性素材が汚れにくいのは，膜素材への汚れ分子の付着が水和によって低く抑えられるためと考えられる．しかし膜ファウリングのメカニズムは要因が複雑で解析の難しい課題であり，さらに疎水性素材については各社とも細孔表面を親水化するなどの工夫によって汚れに対する対策を行っていることから，素材のみでの議論は難しい．

② の薬品への耐久性は素材の化学的な分子構造，結晶形態や結晶化度に依存し，独創的なノウハウが発揮される部分でもある．化学的耐久性と加工性を備えた PVDF が素材としては主流になっている．③ の高強度については，素材本来の特徴と膜構造の双方が影響する．しなやかさといった観点からの評価も膜の物理的な耐久性には重要であり，PE や PVDF が伸度の点からは有利である．

一方，UF 膜，MF 膜の機能発現は細孔径に応じたふるい分けであるので，その形態制御に必要な製膜技術が必要不可欠である．例えば，相分離法は均一に溶解したポリマー溶液を熱力学的に不安定な領域に移行させて，ポリマー濃厚層とポリマー希薄層に相分離させ，ポリマー希薄層を細孔にする製法である．その手段として，温度変化を用いる製法を熱誘起相分離法，水などのポリマー非溶媒による方法を非溶媒誘起相分離法という．中空糸膜ではポリマー溶液と内部凝固液を二重管ノズルから同時に吐出した後，凝固させて製膜する．平膜や管状膜は基材（ブレード）による補強が行われる．

代表的な膜に関し，膜断面および表面写真の例を図 **4.7** に示す．膜表面

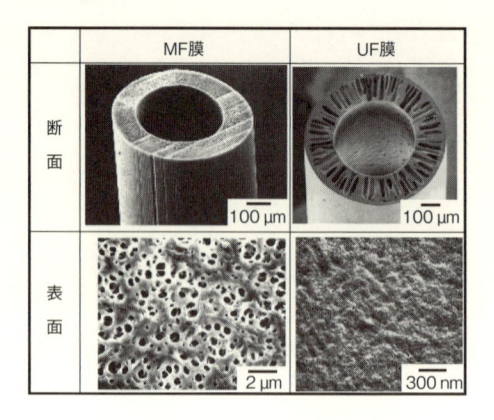

図 4.7 UF 膜,MF 膜の表面および断面構造.

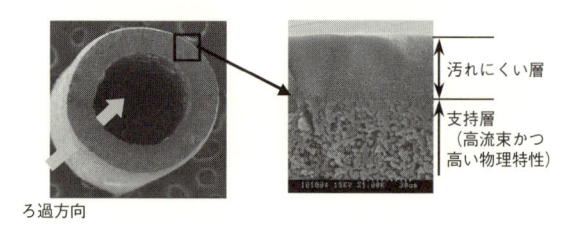

図 4.8 PVDF 中空糸複合膜の断面構造.

写真を見ると,MF 膜,UF 膜では膜の表面細孔を確認できる.膜の断面細孔は均質のものと非対称のものがある.通常,膜供給水側表面には薄い緻密層(スキン層または機能層とも呼ばれる)があり,この緻密層から膜ろ過水側表面には比較的大きな流路を形成する多孔質支持層がある.孔径の小さい膜は断面方向に非対称な構造とすることでろ過抵抗を小さくしている.分離のための緻密層と膜の強度を発現する支持層とを別々に設計することで分離性能を維持したまま,ろ過抵抗を低減する工夫もなされている.東レの PVDF 中空糸 MF 膜および UF 膜は,このような設計思想のもとに開発した複合中空糸膜であり,図 4.8 のような構造を持ち,化学的・物理的耐久性と汚れにくい性質を併せ持ったものである[9].

4.2.3 MBR（膜分離活性汚泥法）用分離膜

従来の下廃水処理施設では，汚れた水を生物処理（活性汚泥処理）して浄化した後，沈殿池で汚泥と処理水を重力沈降によって分離していた．しかしながら近年，処理水水質の向上などの要求から，この生物処理に分離膜技術を組合せた膜分離活性汚泥法（以下 MBR：membrane bioreactor）が普及してきている．ここで用いられるのは，UF 膜または MF 膜であるが，新たな水処理膜技術として以下述べていく．

MBR 用分離膜には，平膜型と中空糸膜型の 2 種類があり，それぞれの長所・短所をもとに下廃水処理施設の状況に合わせて選択されている．表 4.1 に示すように，平膜では東レとクボタ，中空糸膜型はカナダのゼノン（GE：General Electric 社）と三菱レイヨン，KOCH などが知られている．

MBR では活性汚泥をろ過する分離膜のろ過性能維持が重要である．活性汚泥は懸濁性固形分が $8\sim15\,(g/L)$ と極めて高濃度であるため，これをろ過する分離膜には大きな負担が掛かる．したがって，分離膜には汚泥に対して目詰まりしにくい特性が必要になる．また，活性汚泥に酸素を供給し，且つ，分離膜に汚泥が貼り付いてしまわないようにエアレーションを行うため，高い物理的耐久性が必要である．さらに，目詰まりした場合には，次亜塩素酸ナトリウムや酸によって洗浄を行うため，化学的耐久性も必要となる．

東レの平膜型 MBR 用膜モジュールでは，物理的耐久性および化学的耐久性に優れた PVDF を膜素材とし，ポリエチレンテレフタレート（PET）製不織布に含浸させた構造とすることによって，優れた物理的，化学的耐久性が付与されている．さらに PVDF 膜表面の微細孔径を活性汚泥粒子よりはるかに細かな約 80nm に制御し，孔径分布が狭くかつ微細孔の数を多くすることによって（図 4.9），汚泥による目詰まりの程度を抑えつつ，透水性を高く維持している[10]．MBR は，欧米を中心に下水処理，工業廃水処理への適用が進んでおり，さらにその処理水を直接 RO 膜に施して再利用する動きも始まっている．

表 4.1　MBR 用分離膜の種類．

膜メーカー	東レ	クボタ	ゼノン	三菱レイヨン	KOCH
膜形状	平膜	平膜	中空糸膜	中空糸膜	中空糸膜
膜の種類	MF	MF	UF	MF	UF
膜素材	PVDF	塩素化 PE	PVDF	PE と PVDF	PES
公称孔径 (μm)	0.08	0.4	0.04	0.4	0.05

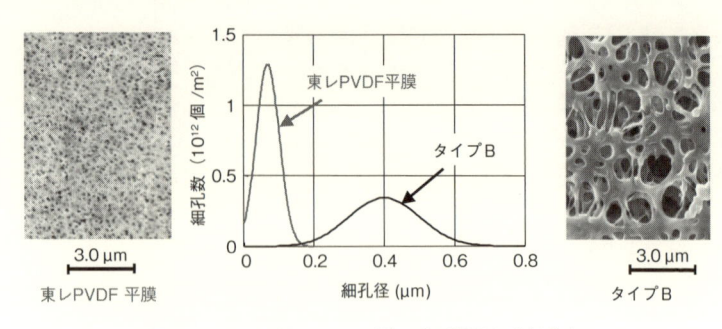

図 4.9 MBR 用 PVDF 平膜の表面構造と孔径分布.

4.3 統合的膜分離システム

分離膜を利用した水処理技術の拡大とともに,処理すべき原水は多様になり,要求水質も高度になっている.そのため,複数の膜を組合せた統合的膜分離システム(IMS:integrated membrane system)の技術開発,普及が進んできている.例えば,飲料水製造においては,UF 膜や MF 膜の次に NF 膜や RO 膜を設置して,農薬などの有機物やヒ素化合物などの有害な無機化合物を除去することが可能である.海水淡水化においては,従来の砂ろ過などの替わりに UF 膜や MF 膜で海水を処理し,RO 膜で脱塩する大型のシステムが,中東などで稼動している.下水・廃水の再生再利用においては,図 4.10 に示すように,活性汚泥で処理した原水(二次処理水)を UF 膜や MF 膜で処理して RO 膜で窒素酸化物や難分解性有機物などを除去したり,MBR 処理水を RO 膜で処理したりするシステムがある.いずれのシステムにおいても,複数の膜を組合せるだけでは,高品質の処理水を低コストで安定に供給することは難しく,原水や要求水質に合った膜を選択し,運転プロセスも含めて最適な技術とすることが必要である.IMS はまだ実用化が始まった段階であり,今後の技術開発が期待されている.

4.4 将来展望

このように,水処理用分離膜技術は世界で広範囲の用途に使用されており,今後益々発展するものと考えられている.現在,分離膜技術の課題としては,① 処理水質向上,② 運転の省エネルギー化,③ 低コスト化が挙げら

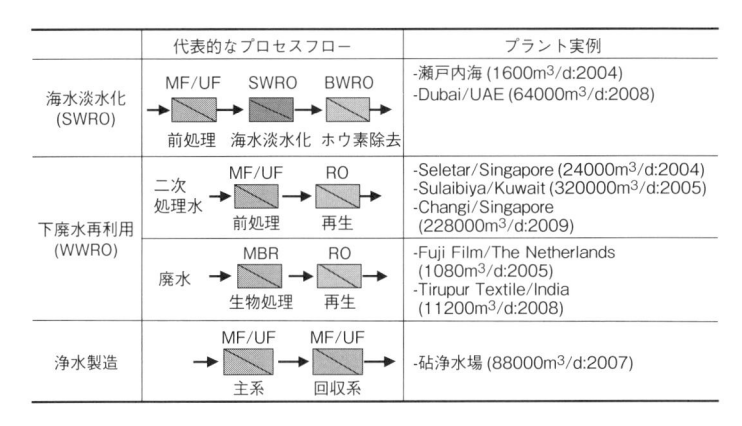

	代表的なプロセスフロー	プラント実例
海水淡水化 (SWRO)	MF/UF → SWRO → BWRO 前処理　海水淡水化　ホウ素除去	-瀬戸内海 (1600m^3/d:2004) -Dubai/UAE (64000m^3/d:2008)
下廃水再利用 (WWRO)	二次処理水 → MF/UF → RO 　　　　　　前処理　再生 廃水 → MBR → RO 　　　生物処理　再生	-Seletar/Singapore (24000m^3/d:2004) -Sulaibiya/Kuwait (320000m^3/d:2005) -Changi/Singapore (228000m^3/d:2009) -Fuji Film/The Netherlands (1080m^3/d:2005) -Tirupur Textile/India (11200m^3/d:2008)
浄水製造	MF/UF → MF/UF 主系　　回収系	-砧浄水場 (88000m^3/d:2007)

図 **4.10** 統合的膜分離システム (Integrated Membrane System).

れる．特に処理水質向上と省エネルギーの両立は最大の課題になりつつあり，現在の架橋芳香族ポリアミド系 RO 膜の性能向上のみならず，新たなコンセプトに基づく新素材 RO 膜の研究開発が欧米を中心に盛んになっている．例えば，スルホン化ポリスルホン系ポリマーを用いた耐薬品性膜[11]，多孔性無機微粒子を分散させた架橋芳香族ポリアミド系膜[12]，細胞膜の水チャネルであるアクアポリンを応用した膜などの研究開発が挙げられる．

さらに，RO 膜技術に替わるものと期待されて研究開発が盛んになりつつあるのが，正浸透 (FO) 膜技術である．RO 膜技術より省エネルギーの可能性があるとの試算もあり，欧米，アジアで研究が進むと考えられる．同様に FO 膜技術を活用した浸透圧発電技術の研究開発も欧州を中心に進んできている．いずれの場合も，用途に適した FO 膜の開発が最大の課題であり，各国の研究者が挑戦している．

今後も水問題を解決するために高分子技術が駆使され，分離膜分離技術が地球環境に貢献していくことが期待されると同時に，日本は分離膜技術の先進国であり国際的な技術貢献も期待されている．

引用・参考文献

1) WHO:UN Declares 2005-2015 "Water for life" Declares, Health in Emergency, 2004-March, No.19, p.13 (2004).
2) 第 3 回世界水フォーラム，国土交通省水資源局水資源部資料 (2003).
3) 膜分離技術振興協会 2007 年調査結果.

4) 浄水膜編集委員会：「浄水膜」，(技報堂出版，2003)，pp.140-143.
5) T. Uemura and M. Henmi: "Advanced Membrane Technology and Application", Norman N. Li, Anthony G. Fane, W. S. Winston Ho and T. Matsuura (Eds.), (Wiley, 2008) pp.3-19.
6) M. Henmi, Y. Fusaoka, H. Tomioka and M. Kurihara: "Water Science & Technology", (2010), pp. 2134-2140.
7) L. Zhu, L. Xu, B. Zhu, Y. Feng and Y. Xu: *J. Membr. Sci.*, **294**, 196 (2007).
8) H. K. Shon, S. Vigneswaran, In S. Kim, J. Cho and H. H. Ngo: *J. Membr. Sci.*, **278**, 232 (2006).
9) S. Minegishi, Y. Tanaka, M. Henmi and T. Uemura: *Proceedings of The 2007 IWA Leading Edge Conference on Water and Wastewater Technologies, June, 2007, Singapore.*
10) 辺見昌弘，植村忠廣: 膜, **30**, 282 (2005).
11) M. Paul. H. B. Park, B. D. Freeman, A. Roy, J. E. McGrath and J. S. Riffle: *Polymer*, **49**, 2243 (2008).
12) B-H. Jeong, E. M. V. Hoek, Y. Yan, A. Subramani, X. Huang, G. Hurwitz, A. K. Ghosh and A. Jawor: *J. Membr. Sci.*, **294**, 1 (2007).

第5章

バイオエタノールの濃縮

5.1 はじめに

2011年3月の東日本大震災に伴う原子力発電所の事故により原子力エネルギーのあり方が世界中で強く問われている.エネルギー確保は人類の大きな課題の一つであるが,安全かつ高効率であることが望まれる.このような観点から,太陽光,地熱,風力,潮力,などの自然エネルギーの利用,バイオマスからのエネルギー利用に強い期待が高まっている.それぞれのエネルギーを有効に利用できる量は,原子力エネルギーに比べて少量であるが,安全性は格段に高い.バイオマスエネルギーの中でもバイオエタノールはカーボンニュートラルで,再生可能なエネルギー源として注目されている.バイオエタノールの原料は,糖質(サトウキビ,モラセス,甜菜など)とデンプン質(トウモロコシ,米,麦,こうりゃん,ジャガイモ,サツマイモなど)が主である.これらの原料からのバイオエタノールは,図5.1に示す工程を経て製造される.特に,糖質を原料にすると,一つの工程でバイオエタノールを製造することができる.しかし,これらの原料からのバイオエタノールの製造は,食糧との競合が大きな問題となり,エネルギー確保として賞賛されるものではない.かような現状を鑑みるに,バイオエタノールの生産効率は低いが,人類の将来を考えるとサトウキビの搾りかす,トウモロコシの芯や茎,スイッチグラス,バガス,パルプ廃液,廃木材,モミ殻,イネワラ,廃繊維などのセルロース系多糖の分解物を原料とする研究,開発を行うことが賢明である.また,非主食系デンプン質として残飯,クズの根,葉,茎,うどんのゆで汁,セルロース系繊維の耳屑,古着など,さらに褐藻類を原料とする試みがなされている.

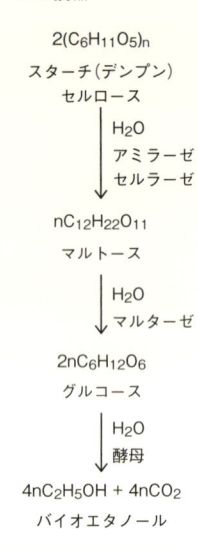

$$2(C_6H_{11}O_5)_n$$
スターチ(デンプン)
セルロース

$$\downarrow \begin{array}{l} H_2O \\ \text{アミラーゼ} \\ \text{セルラーゼ} \end{array}$$

$$nC_{12}H_{22}O_{11}$$
マルトース

$$\downarrow \begin{array}{l} H_2O \\ \text{マルターゼ} \end{array}$$

$$2nC_6H_{12}O_6$$
グルコース

$$\downarrow \begin{array}{l} H_2O \\ \text{酵母} \end{array}$$

$$4nC_2H_5OH + 4nCO_2$$
バイオエタノール

図 5.1 バイオマスからのバイオエタノールの製造.

　一方，わが国の現状を鑑みると，埼玉県の面積に相当するほどの多くの休耕田を有効利用して大粒の米を生産し，また水稲ではなく陸稲で，さらに二期作が可能になれば，食糧問題に競合することなく，かなりのバイオマス原料が確保できる．

　バイオマス発酵から得られるバイオエタノールは，環境保全型の将来の重要なエネルギー源の一つとして注目されている．この方法で得られる希薄なエタノール水溶液 (約 10wt%) は，まず蒸留により共沸組成 (96.5wt%) のエタノール水溶液とされ，さらに共沸剤 (ベンゼン) 添加後，再び蒸留し無水エタノールを得ている．この蒸留法では消費エネルギーが高い．

　バイオマスから石油代替燃料を得ようとするとき，幾つかのプロセスにおける問題解決の課題がある．上述の食料問題に悪影響を及ぼさないバイオマス原料の確保，高効率なバイオマス発酵技術の確立，高性能なバイオエタノール濃縮技術の開発などである．本章では，省エネルギー的にバイオエタノールを得て，実用化するのに最も大きな鍵を握っていると考えられる，バイオマス発酵から得られるエタノールの濃縮に用いる高分子膜の現状，課題，さらに今後の展望について述べる．

5.2 バイオエタノール濃縮用高分子膜の開発

エタノール水溶液の濃縮に用いられる膜分離法は，一般に図 5.2(a) に示す浸透気化（パーベパレーション，PV）法である．PV 法は膜の一方側に有機液体混合物を入れ，膜の他方側を減圧状態にするか，不活性なキャリアガスを流すことによって，混合物中のある特定成分を選択的に透過する．膜中への透過種の溶解，膜内での透過種の拡散，および減圧側における透過種の蒸発時の比揮発度の差が透過分離特性に反映される膜分離法で，透過蒸気は冷却によって凝縮，捕集される[1]．

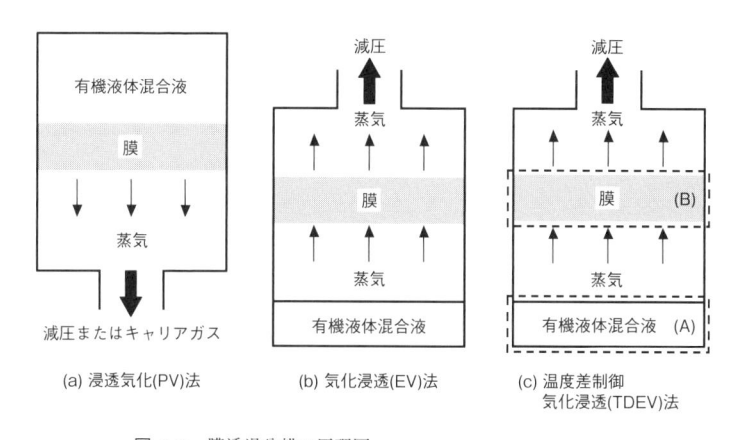

図 5.2 膜透過分離の原理図．

出典：T. Uragami: *Desalination*, **193**, 335 (2006).

5.2.1 水選択透過膜

共沸組成のエタノール水溶液 (96.5wt%) は通常の蒸留法ではこれ以上にエタノールを濃縮できない．この共沸組成中の 3.5wt% の水のみを選択的に透過除去できる膜があれば，省エネルギー的で有効である．

PV 法の透過分離は供給液中の各成分の膜中への溶解度差と膜内での拡散率差におもに影響される[1]．この溶解度差と拡散率差のどちらが分離に支配的に影響しているかを知ることは，膜を構造設計するのに重要である．水/エタノール混合液の PV 法における水選択透過膜でも溶解度差が支配的な膜と拡散率差が大きく寄与する膜とがある．例えば，ポリアクリロニ

トリル膜では，透過液中の水濃度は膜内に溶解した水の濃度に著しく影響されており，水選択透過は溶解度差に依存している[2]．一方，ポリテトラフルオロエチレン-スチレングラフト膜では，膜内にエタノールが優先的に溶解しているが，透過液中には水が選択的に透過しており，拡散率差が水選択透過に寄与している[3]．いずれの水選択透過膜であっても，その寄与度の大小はあるものの溶解度差と拡散率差の両方が水選択性に関与している．

水に対する親和性を上げるために高分子膜材料に解離基の導入[4]，ポリイオンコンプレックス形成[5-7]，ランダム，グラフト，ブロック共重合による親水化[8,9]，親水性材料とのブレンド[10]などにより水選択透過膜が成膜された．このような方法で水選択透過膜を得ているが，単に親水性を高くするだけでは十分な膜性能を示さない．すなわち，供給液による膜の膨潤が重要に関与する．親水性を保持し，膨潤を制御する方法の一つとして膜の架橋がある．典型的な例として，ポリビニルアルコール (PVA) をマレイン酸で架橋した膜を多孔質膜上にのせ，さらに支持体と複合化させた膜は水/エタノール選択性に優れ，実用に供されている[11]．

5.2.2　アルコール選択透過膜

バイオマス発酵から得られる希薄なエタノール水溶液を濃縮してバイオエタノールを得たい場合，エタノールを選択的に透過濃縮できる膜の方が省エネルギー的である．この膜では，透過種の分子サイズから見るとエタノール分子は水分子より大きいので拡散率差による分離は難しく，溶解度差に基づかねばならない．ポリジメチルシロキサン (PDMS) 膜のエタノール/水系の PV では溶解度差が選択性に寄与している[12]．PDMS 膜は機械的強度に優れないので，PDMA マクロマーとスチレン誘導体[13,14]やアルキルメタクリレート[15,16]との共重合からエタノール選択透過性と機械的強度を兼ね備えた膜が調製されている．ポリ[1-(トリメチルシリル)-1-プロピン] (PTMSP) 膜[17,18]はエタノール選択透過性に優れ，またアルキルシリル化した PTMSP 膜も高い選択性を示す[19]．

5.3　エタノール濃縮膜開発の課題

バイオマス発酵から得られる希薄なバイオエタノール水溶液は，まず蒸留により共沸組成 (96.5wt%) のエタノール水溶液とされ，さらに共沸剤添

加後, 再び蒸留され無水エタノールが得られるのが常法であった. 近年, PV法が共沸組成のエタノール水溶液から水を選択的に透過除去し, 無水エタノールを得るのに適応されている. このPV法に用いられる水選択透過膜は, これまでに数多く報告され, 上述の架橋PVA複合膜[11]はアルコール脱水用PVプラントに搭載され, 実用に供されている. しかし, バイオマス発酵から得られるバイオエタノール水溶液は約10wt％の希薄な水溶液であるので, 高効率なエタノール選択透過膜が得られれば, 第一段階での蒸留プロセスは不要となり, 大変有利であると言える.

エタノール選択透過膜に関する研究報告は水選択透過膜に比べて少なく, またベンチプラントなどに搭載できる性能を有する膜はまだ出現してないのが現状である. このようにエタノール選択透過膜の開発が水選択透過膜に比べて遅れている原因は, 水分子より分子サイズの大きいエタノール分子を優先的に透過させなければならない点にある. すなわち, 溶解・拡散機構[1]に基づくPV法の弱点に起因するところも少なくない. 結局, エタノール水溶液からエタノールを優先的に透過させる場合, 拡散過程での分離に期待が持てないので, 両成分が膜に溶解する過程での差のみを利用した分離が行われることになる. しかし, 膜のエタノールに対する親和性が高すぎると, 分離すべき混合液が膜に直接触れているPV法では, 膜が過度に膨潤し, その結果, 全体としての透過性は上がるものの, 膜の膨潤によって分子サイズの小さい水が膜中に入り込み, エタノールに対する選択性が著しく低下する.

この問題を解決するために, 共重合, グラフト, マルチブロック, ブレンドあるいは架橋による網目構造の導入等の方法によって, 膜の親和性と疎水性のバランス化の検討がなされている. しかし, これらの方法による膜の開発は, 親和性と膨潤性の相矛盾する宿命を抱えているため, 分離性能の向上に限界がある. そこで, 実用的なエタノール選択透過性膜を得るためには, これらの矛盾の解消が最も重要な課題であり, PV法に代わる新しい膜分離法の開発を考える必要がある.

5.4 エタノール濃縮用高分子膜開発の展望

PV法では, 有機液体水溶液が膜に直接触れているので, 膜が液体混合液によって膨潤あるいは収縮される. この膜の膨潤や収縮は化学的に構造設計され, 物理的に構造構築された膜が持つ本来の機能を発現させない場

合がある．そこで，PV 法の利点を生かし，その欠点を改善する膜分離法として気化浸透（エバポミエーション，EV）法が提案された[20]．この方法では図 5.2(b) に示すように膜は有機液体水溶液に直接触れず，蒸気が膜に供給される．EV 法の特徴は，PV 法のそれに加えて

① 有機液体水溶液が膜に直接接触していないので，膜の膨潤や収縮が抑えられ，膜本来の機能発現がなされる．
② 供給液である有機液体水溶液は気化され気体分子の状態となるので，混合成分間の相互作用が極度に弱められ，分離性が著しく改善される．
③ 分離対象物中に菌体などの膜汚染物質や高分子溶質などのゲル形成物質，目詰まり生起物質が混在していても，これらの物質が気化しないものであれば，膜に悪影響を与えない．
④ 供給液温度と膜周辺温度の制御が可能であり，この制御による透過分離特性の向上に期待がもてる．

などが挙げられる[12]．

そこで，PV 法でエタノール選択透過膜として知られている緻密 PDMS 膜の透過分離特性が EV 法と比較検討された．PV 法の透過速度は EV 法のそれらより大きく，エタノール選択透過性は EV 法の方が PV 法より高かった．これは PV 法では供給液が膜に直接触れているため，膜の供給液による膨潤が著しく，透過速度は大きくなるが，分離性が低下したと考えられる．

さらに，EV 法におけるエタノール選択透過性を向上させる目的で，図 5.2(c) に示す供給液温度 (A) と膜周辺温度 (B) を制御することができる新たな膜透過法として"温度差制御気化浸透 (TDEV) 法"が開発された[21]．図 **5.3**(a) には供給液温度を 40 ℃一定とし，膜周辺温度を変えた TDEV 法における緻密 PDMS 膜の 10wt％エタノール水溶液に対する透過速度と透過液中のエタノール濃度を示した．エタノール選択透過性は EV 法に比べてかなり高くなり，さらに膜周辺温度の低下に伴いエタノール選択透過性は著しく向上するが，透過速度は減少する[22]．この選択透過性の向上は膜周辺における水分子とエタノール分子の会合性の相違と PDMS 膜とエタノール分子との親和性の高さに依存する[22]．

PDMS 膜と同じように有機溶媒選択透過性膜として知られている PTMSP 膜を TDEV 法のエタノール水溶液の透過分離に適用すると，膜周辺温度

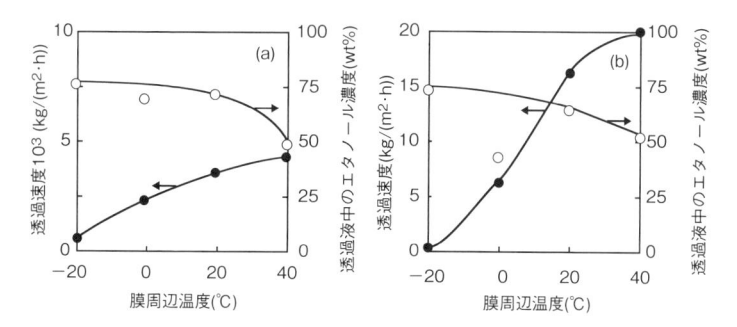

図 **5.3** TDEV 法における緻密 PDMS 膜 (a) と多孔質 PDMS 膜 (b) のエタノール水溶液の透過分離特性.
供給液:10wt%エタノール水溶液 (40℃).
出典:T. Uragami: *Polym. J.*, **40**, 485 (2008).

の低下とともにエタノール選択透過性が著しく高くなり,また,PTMSP 膜の透過速度,エタノール選択透過性は図 5.3(a) の緻密 PDMS 膜に比べて,かなり高くなっていた.PTMSP 膜はガラス状高分子であるが高いフリーボリュームを持つとされており[23],このことは TDEV 法に多孔質膜を適用すると,より高い透過分離性能が得られることを暗示している.

そこで,市販の多孔質膜を TDEV 法に適用し,エタノール水溶液の透過分離特性を検討した結果を表 **5.1** に掲げた.この表にはポリプロピレン多孔質膜 (No.6) を PV 法に適用した結果と,TDEV 法に緻密 PDMS 膜を適用した結果も併せて示した.表 5.1 から明らかなように,多孔質高分子膜を TDEV 法に適用すると,10wt%のエタノール水溶液を約 40〜60wt%にまで濃縮できることがわかる.また,透過速度は従来からエタノール選択透過膜として知られている緻密 PDMS 膜の 10〜1000 倍である.

一方,TDEV における孔径の異なるポリテトラフルオロエチレン (PTFE) 膜では孔径とエタノール選択性との間に高い相関が認められ,孔径の小さいものほど高い選択性が得られることが確認される.

各膜表面の水とエタノールに対する接触角測定の結果,撥水性が高く,エタノールに対して高い親和性を示す膜ほど,高いエタノール選択性を示すことが確認された.以上のことから,多孔質膜のエタノール選択性は,膜の孔径と孔壁の性質に大きく影響されることが明らかになった.具体的には,膜素材の臨界表面張力が水の表面張力 (δ_{H2O} 72.8dyne/cm) よりでき

表 5.1 市販多孔質膜の TDEV 法におけるエタノール濃縮性能. [a]

試料膜 No.	膜素材	平均孔径 [b] (μm)	透過液濃度 (wt%)	透過速度 (kg/(m^2·h))
1	PTFE	0.45	39.7	36.59
2		0.30	43.6	29.73
3		0.22	44.6	31.21
4		0.10	51.3	20.17
5		0.05	54.3	13.80
6	PP	0.125×0.05	55.9	8.27
7		0.07×0.03	57.1	8.31
8	CN	0.01	51.2	28.24
9	PC	0.015	59.6	0.27
No.6[c]	PP	0.125×0.05	20.0	1.02
PDMS[d]			86.0	0.023

a) 供給液 10wt% EtOH (40 ℃), 膜周辺温度 (0 ℃), b) カタログ表示値,
c) PV 法(供給液温度：40 ℃), d) 微密 PDMS 膜

出典：T. Uragami: *Polym. J.*, **40**, 485 (2008).

るだけ小さく，またエタノールの表面張力 (δ_{EtOH} 22.6dyne/cm) よりやや大きい微細多孔質膜がエタノールの選択透過の膜性能を高めることができると考えられる．

PDMS はエタノールを選択的に透過させる数少ない膜素材の一つであり，また極めて高い撥水性を有する素材でもある．そこで，PDMS を多孔質化できれば，選択性および透過性の両面に優れたエタノール選択透過膜を開発できる可能性が高いと考えられる．そこで，PDMS 多孔質膜が調製された．PDMS 多孔質膜はオルガノポリシロキサン水性エマルションをテフロン製ペトリ皿に流延し，超低温恒温器に入れ，種々の条件化で凍結した後，凍結乾燥機で解凍することなく乾燥することで調製した[25]．この多孔質 PDMS 膜は孔が連続構造を形成していることが走査型電子顕微鏡観察で明らかにされた．多孔質膜の孔径，孔数はエマルション濃度，添加物量，凍結条件（予備冷却，凍結速度）などを変えることで調整されうる．

図 5.3(b) には TDEV 法におけるエタノール水溶液の透過分離に多孔質 PDMS 膜を用いた結果を示した．図 5.3(b) の多孔質 PDMS 膜のエタノール選択透過性は，図 5.3(a) の緻密 PDMS 膜のそれらとほぼ等しく，透過速度は約 1000 倍大きくなっている [24]．この多孔質 PDMS 膜を用いた TDEV 法におけるエタノール選択透過性の向上は図 **5.4** に示すようにエタノール分子が多孔質 PDMS 膜内の孔内に吸着し，その吸着層上をエ

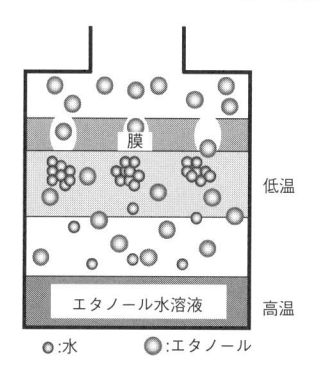

図 5.4 TDEV 法における多孔質 PDMS 膜によるエタノール選択透過性の透過分離機構のモデル．
出典：T. Uragami: *Polym. J.*, **40**, 485 (2008).

タノールが表面拡散し，会合した水分子の透過が阻止されることに基づく．これらの結果は，TDEV 法に多孔質膜を適用することが適切であることを暗示している．

図 5.3(b) の多孔質 PDMS 膜を用いた透過液中のエタノール濃度を，透過速度を低下することなく，さらに向上させるためには，幾つかの詳細な検討が展望される．まず，オルガノポリシロキサン水性エマルションを凍結させるときの成膜条件を詳細に検討することが重要である．すなわち，エマルション濃度，添加剤量，凍結条件（予備冷却，凍結速度など）を変え，より小さな孔径でより多くの孔数を持つ多孔質膜を作成しなければならない．一方，透過条件（供給液温度，膜周辺温度，二次側減圧度）を変え，異なる多孔質膜に対する透過時の最適条件の設定が望まれる．さらに，膜周辺温度，減圧度の変化に伴う膜周辺での水分子の会合度と膜の孔径との関係が解明できれば，最高の透過分離性能が発揮されうる．

また，現存の蒸留塔の冷却部に高分子多孔膜を搭載すれば，容易に TDEV 法として稼動ができる点は，産業的波及効果が大きい．

一方，水選択透過膜の構造設計においては，分子量分布の狭い膜材料高分子から精密な物理的構造を持つ膜が成膜されれば，膜性能の向上に期待がもてる．また，膜の膨潤を制御するのに架橋構造を導入するにあたり，最適架橋条件が見出せれば，優れた水選択透過膜の出現の可能性は高い．こ

のことは，キトサンをグルタールアルデヒドで架橋するときに，架橋剤量を細かく変えて検討した結果，ある架橋剤量で架橋したキトサン膜が透過速度，水選択透過性により優れていたこと[26]から支持される．

5.5 将来展望

バイオエタノール濃縮膜の水選択透過膜とエタノール選択透過膜を従来の溶解・拡散機構の透過分離で展望すると同時に，この機構にとらわれることなく，また膜の化学的構造を主にしたものではなく，膜の化学的，物理的構造に加えて透過種の物理的な制御をも加味することで，従来と異なる透過分離機構で物質分離を行う膜分離法を展望してみた．わが国における資源，エネルギー，環境を考えると，アルコール燃料の可能性を追求することは大変重要である．食とエネルギーの両立の中で早い時期にエタノール燃料が人類に貢献できることを祈念する．

引用・参考文献

1) R. C. Binding, R. J. Lee, J. F. Jennings and T. C. Mertin: *Ind. Eng. Chem.*, **53**, 45 (1961).
2) M. H. V. Mulder and C. A. Smolders: *J. Membr. Sci.*, **17**, 289 (1984).
3) P. Aptel, J. Cunny, J. Josefowicz, G. Morel and J. Neel: *J. Appl. Polym. Sci.*, **18**, 365 (1974).
4) C. D. Ihm and S. K. Ihm: *J. Membr. Sci.*, **98**, 89 (1995).
5) I. Jegal and K.-H. Lee: *J. Appl. Polym. Sci.*, **60**, 1177 (1996).
6) S. Y. Nam and Y. M. Lee: *J. Membr. Sci.*, **135**, 161 (1997).
7) T. Uragami, S. Yamamoto and T. Miyata: *Biomacromolecules*, **4**, 137 (1995).
8) S. H. Chen and J. Y. Lai: *J. Appl. Polym. Sci.*, **55**, 1353 (1995).
9) K. R. Lee and J. Lai: *J. Appl. Polym. Sci.*, **57**, 961 (1995).
10) Y. M. Lee and K. Won: *Polym. J.*, **22**, 578 (1990).
11) 特開昭 59-109204.
12) T. Uragami: *Polymer Membranes for Separation of Organic Liquid Mixtures*, In "Materials Science of Gas and Vapor Separation", Y. Yampolskii, I. Pinnau and B. D. Freeman (Eds.), (John Wiley & Sons, 2006), p.355.
13) 石原一彦，小暮利依子，松井清英: 高分子論文集，**43**, 779 (1986).
14) Y. Nagase, S. Mori and K. Matsui: *J. Appl. Polym. Sci.*, **37**, 1259 (1989).
15) T. Miyata, T. Takagi and T. Uragami: *Macromolecules*, **29**, 7787 (1996).

16) T. Miyata and S. Obata, T. Uragami: *Macromolecules*, **32**, 3712, 8465 (1999).
17) K. Ishihara, Y. Nagase and K. Matsui: *Makromol. Chem. Rapid Commun.*, **7**, 43 (1986).
18) T. Masuda, B.-Z. Tang and T. Higashimura: *Polym. J.*, **18**, 565 (1986).
19) Y. Nagase, Y. Takahama and K. Matsui: *J. Appl. Polym. Sci.*, **42**,1259 (1991).
20) T. Uragami, M. Saito and K. Takigawa: *Makromol. Chem. Rapid Commun.*, **9**, 361 (1988).
21) T. Uragami and T. Morikawa: *Makromol. Chem. Rapid Commun.*, **10**, 287(1989).
22) T. Uragami and T. Morikawa: *J. Appl. Polym. Sci.*, **44**, 2009 (1992).
23) K. Nagai, T. Masuda, T. Nakagawa, B. D. Freeman and I. Pinnau: *Prog. Polym. Sci.*, **26**, 721 (2001).
24) T. Uragami: *Polym. J.*, **40**, 485 (2008).
25) T. Uragami, Y. Tanaka: U.S. Patent 5,271,846, 1993; 浦上忠, 田中喜昭: 日本特許 第 1906854 号.
26) T. Uragami, T. Matsuda, H. Okuno and T. Miyata: *J. Membr. Sci.*, **88**, 247 (1994).

第6章

水素ガス精製

6.1 はじめに

6.1.1 水素と社会

水素は工業製品の製造業にとって貴重な原料の一つとして捉えることができる.例えば化学産業にとっては,アンモニアやメタノールの合成,不飽和結合の水素化などの高級アルコールの合成,水素化脱硫などの石油精製などに欠かせない原材料である.また一方で無機材料では石英ガラスの製造には大量の水素が必要であり,シリコンウェハの製造時のシランのキャリアガスとしても利用されている.そしてこれらは化学繊維や化粧品,マーガリン,家電製品などの原材料である.

さらに,水素は燃料電池を動かし発電するためのエネルギー源でもある.特に燃料電池は発電時に水しか発生せず,またエネルギー効率が非常に高く,同時に給湯もできるコジェネレーションシステムを簡便に構築することもできるため,次世代エネルギーとして注目されており,既に家庭用定置型が販売されている.

このような水素の利用形態を考えると,図 6.1 に示すように,水素は現在の人間生活の衣食住を支えている素材と考えることができる.

6.1.2 水素の製造

工業的な水素製造は,主に天然ガスや石油,あるいは石炭などの化石燃料から種々の化学反応を利用して取り出されている.以下にその概要を示す.

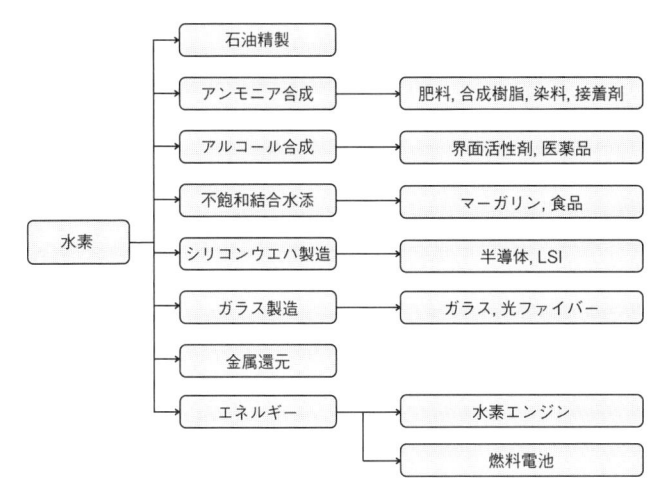

図 6.1 水素の用途展開例.

・水蒸気改質

炭化水素と水とをニッケル触媒を用いて 20 気圧，750〜850 ℃で反応させ，一段階目で一酸化炭素と水素を生成させ，次の段階で発生した一酸化炭素と水とを反応させることで，二酸化炭素と水素を得る方法である．

$$C_mH_n + mH_2O \rightarrow mCO + (m + \frac{n}{2})H_2 \tag{6.1}$$

$$CO + H_2O \rightarrow H_2 + CO_2 \tag{6.2}$$

天然ガスの場合，原料はメタンガスとなる．

・部分燃焼法

下式のように完全燃焼に必要な酸素量の半分で炭化水素を燃焼させることにより，一酸化炭素と水素を得ることができる．得られた一酸化炭素は，水蒸気改質の項でも述べたように再度水を反応させることで水素と二酸化炭素を得ることができる．

$$C_mH_m + \frac{m}{2}O_2 \rightarrow mCO + \frac{n}{2}H_2 \tag{6.3}$$

・接触改質法

原油の蒸留により得られるガソリン留分を,さらにオクタン価の高い高性能ガソリンに改質する,あるいは芳香族化合物を得る目的のために金属触媒を用いて改質を行う際に,水素が炭化水素から脱離・発生する.このとき発生する水素の一部は,上記反応のために再度利用される.

・メタン改質

部分改質法をメタンを対象に行うものである.天然ガスを用いた燃料電池用のガス改質に適用されている.

$$2CH_4 + O_2 \rightarrow 2CO + 4H_2 \tag{6.4}$$

$$CO + H_2O \rightarrow H_2 + CO_2 \tag{6.5}$$

・メタノール改質

メタノールと水とを反応することにより二酸化炭素と水素を得る方法である.

$$CH_3OH + H_2O \rightarrow CO_2 + 3H_3 \tag{6.6}$$

・コークス製造

製鉄のための溶鉱炉では石炭を乾留したコークスを用いるが,このコークスの作成時に発生するガスは,図 **6.2** に示すように水素ガスが大量に存在している.この反応過程の詳細は不明であるが,石炭中に含まれている

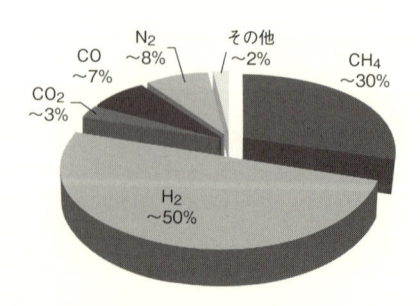

図 **6.2** 一般的なコークスガスの組成.
　　出典:西藤将之,藤岡裕二,齋藤公児,石原口裕二,植木誠:新日鉄技法,**390**, 101, (2010)

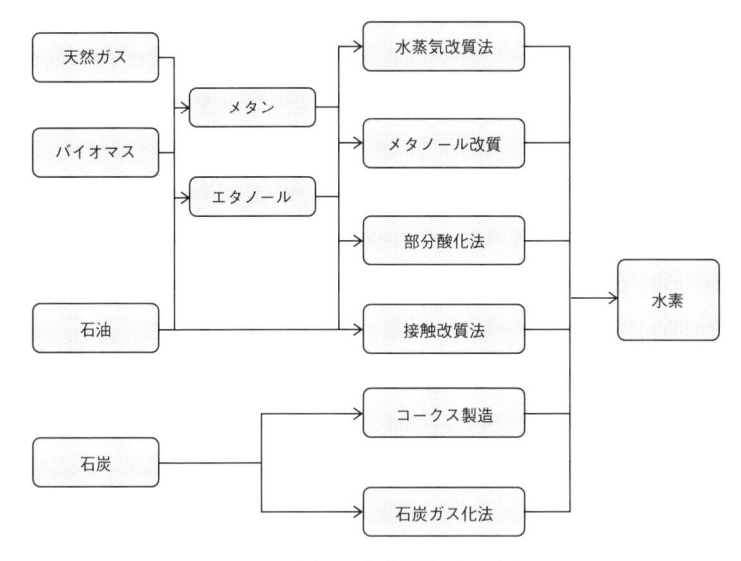

図 6.3 水素源と各種改質・製造方法.

複雑な構造の炭化水素が炭素化する際に水素が離脱するものと考えられる.石油産業から製造される多くの水素がそのまま自家消費されるのに対し,この手法から得られる水素はそのようなことがないため,外部供給能力という観点から見ると40%近くの水素がこの手法で生産されている.

・石炭ガス化

石炭と水および酸素を反応させることで水素などを得る手法であり,かつてはこの手法を用いて都市ガスが生産されていた.最近では石炭を用いた高効率発電を実現するために石炭ガス化複合発電 (integrated coal gasification combined cycle : IGCC) あるいはクリーンコールテクノロジーというキーワードでいろいろな検討が行われている.この反応には加圧型噴流床が用いられるが,その形状も非常に複雑である.基本となる反応式は以下の通りである.

$$C + O_2 \rightarrow CO_2, CO \tag{6.7}$$

$$C + H_2O \rightarrow CO + H_2 \tag{6.8}$$

$$CO + H_2O \rightarrow CO_2 + H_2 \tag{6.9}$$

以上をまとめると水素源は図 **6.3** のようになり,多種多様であることがわかる.一方でこれらの過程ではすべて水素は他のガスと共存して生産されることとなり,ここに純水素を生産する技術が必要となる根拠がある.

6.1.3 水素の貯蔵・輸送

製造された水素は,オンサイトでの製造でない限り消費現場で実使用するまでの間,貯蔵され,また輸送されなければならない.水素の貯蔵方法としては,① 液体水素で貯蔵する,② 高圧ガスで貯蔵する,③ 水素吸蔵合金を用いて貯蔵する,および ④ ケミカル的な手法で貯蔵する,の 4 通りの方法が提案されている.輸送もそれぞれの状況に合わせて,パイプラインでの輸送やタンクでの輸送などが想定される.以下にそれぞれのメリット・デメリットなどを示す.

① 液体水素:水素ガスは 20.4 K で液化することができる.液化することで単位体積当たりのエネルギー密度を高めることが可能であるため,輸送コスト自体は低減できる.ただし,輸送に際しては運搬容器の断熱性能を確保すること,さらには気化・拡散に伴う危険性をどのようにして回避するか,に対する対策を十分にとる必要がある.また液化・貯蔵に必要な経費は,他の手法と比較すると相当高いと考えられる.(西原らによると,液化・貯蔵コストは 26.42 円/Nm^3 と試算されており,圧縮の場合の 5 倍程度となっている[2].)

② 高圧ガス:天然ガスなどで蓄積した技術があり,幅広く適用されている.また費用も液体水素と比較すると安価で済む.輸送は高圧ボンベを使用することとなるが,現状高圧ボンベの耐圧は 20MPa 程度が限界であり,その意味ではエネルギー密度が低いことが課題である.

③ 水素吸蔵合金:比較的高密度でかつ安全性の高い水素貯蔵方法であり,多くの研究がなされている技術でもある.これまで希土類系合金タイプ,チタン系合金タイプ,マグネシウム系合金タイプなどが提案されている.しかしながら重量当たりの貯蔵量が少ない,長時間使用すると劣化するなどの課題がある.

④ ケミカル的貯蔵:化合物の水添・脱水素反応を利用して水素を貯蔵する手法であり,有機ケミカルハイドライド法といわれる手法である.常温で安定した液体であり重量当たりの水素貯蔵量も多く,何度でも循

環使用できるという特徴がある．一方で水添・脱水素反応に適した触媒や装置あるいは条件などはまだ探索中であり，手法としては確立していない．

水素の貯蔵に関しては，このほかにもカーボンナノチューブの利用なども提案されているが，現時点で決定的なものはまだ存在していない．

　一方輸送に関しては，ボンベやタンクによる手法の他に，パイプラインによる手法も検討されている．しかしながら，ボンベなどによる手法では大量の輸送が困難であること，またパイプラインでは長期安定性に不安が指摘されるなど，やはり試行錯誤状態である．

6.2　高純度水素精製法

　6.1.2節で述べたように，水素の生産時には必ず二酸化炭素など，他のガスが付属して発生する．そのため，高純度の水素を得るためには，水素を分離して収集する必要がある．現在ガスを分離・精製する手法としては，pressure swing adsorption(PSA)法および分離膜法がある．PSA法の場合，水素を吸着する吸着材を用いる場合と，他の気体の吸着材を用いる場合が想定される．また分離膜の場合，素材としては金属，セラミックス，高分子などの利用が考えられる．ここでは，金属とセラミックスの分離膜について，その基本メカニズムについて説明する．

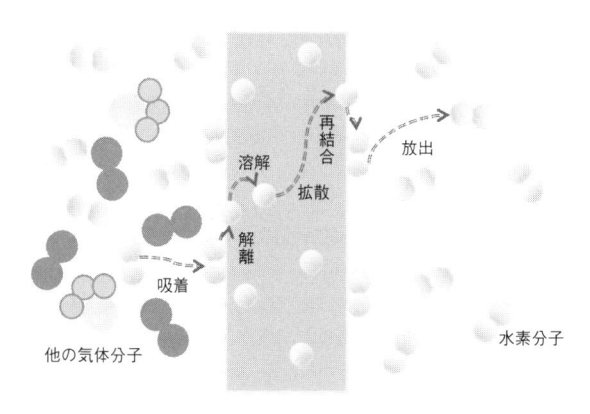

図 6.4　パラジウム膜による水素分離膜のモデル図．

6.2.1　金属膜

水素分離膜性能を示す絶対的なポジションにある金属膜としては，パラジウム (Pd) が存在している．その分離メカニズムを図 6.4 に示すが，パラジウム表面に吸着した水素は原子レベルでパラジウムに溶解し，膜中を対表面方向に拡散し，対表面で再結合をすることで水素分子となり，分離過程が終了すると考えられている．他の気体種でこのようなメカニズムでパラジウム膜を透過するものはなく，したがって完全に純粋な水素ガスを分離・精製することができる．実用に際しては，パラジウム単独ではなく合金が用いられるが，その場合でも銀 (Ag) あるいは銅 (Cu) などの貴金属が用いられる場合が多い．その結果として非常に高価であること，また水素の吸着と脱着が繰りかえされることによる劣化があるという欠点が指摘される．

このようなパラジウム膜の課題を解決するために，ニオブ (Nb) やバナジウム (V) など，他の金属合金系の分離膜も数多く提案され，現在も研究開発が盛んに行われている．

6.2.2　セラミックス膜

セラミックス膜は基本的には粒子の大きさで濾し分けるフィルター機能を保有するものである．図 6.5 に分離メカニズムを示す．セラミックス膜は金属膜に比較すると比較的安価である．一方，分離能を持つセラミックス単独では形状保持能力に乏しいため，通常より目の粗い支持基板上に緻密なセラミックス膜を形成し，分離膜として供している場合が多い．孔径が均一でシャープである，溶媒や他の気体分子による膨潤の影響がない，さらに高温でも利用できる，などの利点を挙げることができる．一方で薄膜化が困難であるために単位体積当たりの作用表面積を稼ぐのが難しい，衝撃的な刺激に対する耐久性に乏しい，などが欠点として挙げられる．

分離機能を持つセラミックスには，シリカ，ゼオライト，窒化ケイ素，および炭化膜がある．また支持基盤としては通常アルミナなどが利用される．

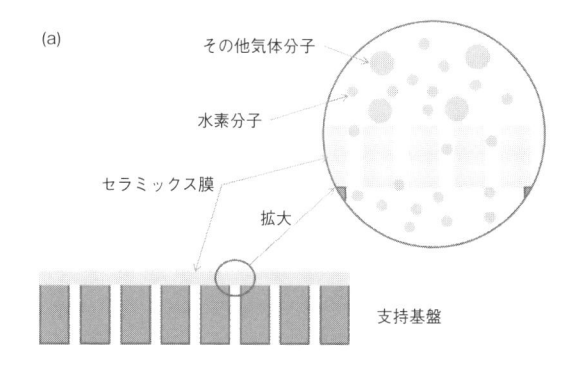

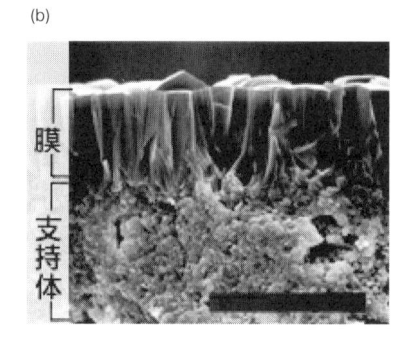

図 6.5 (a) セラミックス膜による水素分離機構のモデル図，(b) 実際のセラミックス膜の断面 SEM イメージ図．
出典：日本ガイシ株式会社ウェブページ：セラミックアカデミー．
(http://www.ngk.co.jp/academy/course01/04.html)

6.3 高分子分離膜

6.3.1 分離原理

　高分子によるガス分離のメカニズムは第2章に記載されているので詳細は割愛するが，金属膜とセラミックス膜の両方の特性を併せ持っていると考えることができる．

　通常高分子からなるガス分離膜は，物理的に感知できる孔のない緻密な高分子膜からなる極薄な緻密層と，その緻密層を力学的に支える役割のある多孔層からなる不均質構造を保有している．実質的にガスの分離機能を

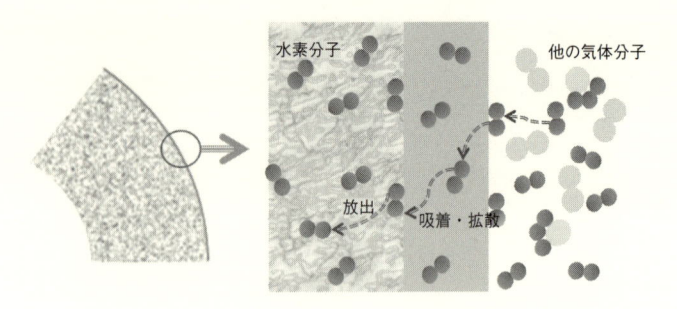

図 6.6 高分子中空糸ガス分離膜の断面のモデル図とその水素分離機構のモデル図.

持っているのは,このうちの緻密層である.ガスの透過速度は膜厚に反比例するために緻密層はなるべく薄い方がよいが,一方で力学的に自立できる膜を形成するために,分離機能はないが緻密層を支える役割としての多孔層があると考えてよい.

高分子の緻密層は金属の膜とは異なり,高分子の自由体積に伴う気体分子が拡散できる細孔が存在すると考えられる.したがって,小さい分子ほど早く透過する傾向があり,この機能はセラミックスの膜と類似している.しかしながら一方で,水蒸気や二酸化炭素など,高分子と親和性が高いガス種が,分子の嵩高さにも関わらず極めて早い透過速度を示すため,気体分子の溶解効果の果たす役割も大きく,この機能は金属膜と類似している.高分子膜ではガス分子がこの緻密層を透過する速度の差を利用して分離を行っている.

高分子による分離膜は,単位体積当たりの処理面積を稼ぐために,中空糸として成形加工されることが多い.成形機から出た時点で,貧(非)溶媒にさらされることで,表面には緻密な薄膜が形成され,中心部に向かって多孔性の非対称膜が形成され,ガス分離膜として用いられる.図 6.6 には典型的な高分子中空糸ガス分離膜の断面図のイメージとその分離機構を示す.

6.3.2 ポリイミドガス分離膜

水素分離に供される混合ガスは比較的高温である場合が多く,それに耐えうる高分子が分離膜素材として用いられてきた.その中でも現在主流を占めているのがポリイミドによるガス分離膜である.その代表的な構成モ

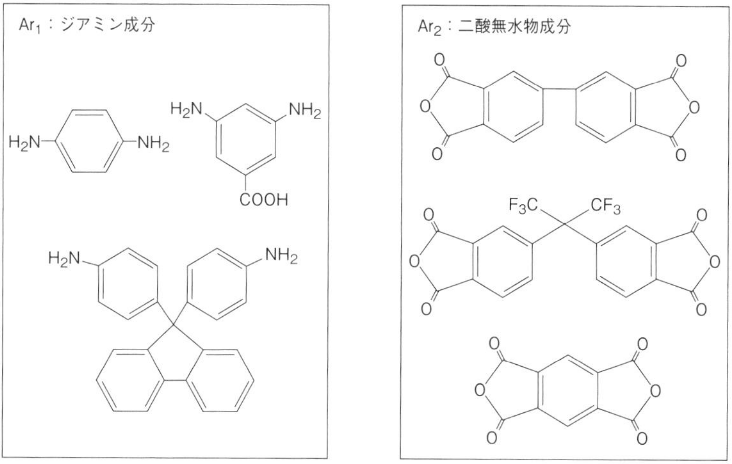

図 6.7 ガス分離膜に用いられている代表的なポリイミドの化学構造.

ノマーの化学構造式を図 6.7 に示す.ここで Ar_1 や Ar_2 には特許で用いられている例から無作為で抽出したものを示しているが,実際には分離対象となるガスの組成により,実に様々な構造の化合物が,複数でさらに様々な割合で用いられている.

ガス分離性能はこれらモノマーの配合割合に大きく依存する.どのようなモノマーを用いればどの性能が向上し,一方他の物性が低下するかなどは,これまでの研究開発の過程で,経験的に知られるようになっており,例えばフッ素が置換したようなモノマーでは,嵩高さのために自由体積が増加し,結果として透過速度が全体的に向上することが知られている.一方で前述したように,これらは多く中空糸形状に成形加工されモジュール化されるために,成形加工が行いやすい粘度などの制限があり,組成・分子量に限界があることもわかっている.今後の設計にはより微細なモノマーの化学構造と高分子鎖の化学構造・物理構造と成形加工性と構造的な因子,およびそれらと分離性能を関係づけた詳細な分析が求められる.例えば重合時のモノマー添加のタイミングなどを成分ごとにずらすことで,分子構造に傾斜を持たせ,それにより中空糸を製膜したときの表面組成を微妙にコントロールし,分離性能を向上させるなど,より分子レベルでの機能化

図 6.8　石油精製工場での実施例.
出典：宇部興産株式会社ウェブページ：水素分離膜装置「UBE 水素分離膜」.
(http://www.ube-ind.co.jp/japanese/products/fine/fine_05_01.htm)

のための研究開発が行われている[5,6].

6.3.3　モジュールおよびモジュール形状

水素分離性能は，膜自体の性能もさることながら，モジュールへの組み上げ方，内部でのガスの流れ，また全体としてのシステム設計に大きく依存する．特に純度を上げるために多段にモジュールを組合せる場合，最終的なガスの水素濃度は非常に希薄となり，透過速度も低くなることからフィードガスの組成が大きく影響する．これらの条件を踏まえて実際に石油化学工場で利用されている水素分離膜のモジュールを設置したプラント例を図 6.8 に示す．このプラントでは $7500Nm^3/H$ のリフォーマーオフガスから純度 99% 以上の水素が回収されている．

引用・参考文献

1) 西藤将之, 藤岡裕二, 齋藤公児, 石原口裕二, 植木誠：新日鉄技法, **390**, 101, (2010).
2) 西原哲夫, 武田哲明：「水素供給コストに関する評価」,（日本原子力研究所,

2005).
3) 日本ガイシ株式会社ウェブページ：セラミックアカデミー．
(http://www.ngk.co.jp/academy/course01/04.html)
4) 宇部興産株式会社ウェブページ：水素分離膜装置「UBE 水素分離膜」．
(http://www.ube-ind.co.jp/japanese/products/fine/fine_05_01.htm)
5) 吉永利宗, 福永謙二, 加瀬洋次:「多成分ポリイミドからなるポリイミド非対称膜の製造方法」, 公開特許 2006-224097．
6) 吉永利宗, 福永謙二, 加瀬洋次:「多成分ポリイミドからなるポリイミド非対称膜, ガス分離膜, 及びガス分離方法」, 公開特許 2006-224098．

第7章

燃料電池への応用

7.1 はじめに

地球温暖化対策に寄与できる次世代エネルギー革新技術の一つとして，これまで燃料電池の環境性能が注目されてきていたが，2011年3月に起こった東日本大震災の影響を受け，環境性能だけでなく，分散電源としての特徴にも注目がされはじめている．（社）燃料電池普及促進協会によれば，2011年度の家庭用燃料電池エネファームの導入支援補助金申込受付数は，2011年度予定数の8000台を7月初旬に既に超えたとのことであり，電力不足への対応策として，家庭での分散発電に関心が集まっていることが伺える．また，自動車メーカーの中には，公的機関の敷地内にソーラー水素ステーションと燃料電池車を配置し，緊急時には10kW以上の外部出力が可能な発電設備を設置する計画をたてているところもある．このように重要な環境技術でありかつ新エネルギー技術の一つと位置付けられる燃料電池の種類と特徴，原理と膜開発の歴史，重要課題とその対策，さらに今後の展望などについて概観する．

7.2 燃料電池の種類と特徴

燃料電池の基本構造としては，イオンを通す電解質を挟んで両側に1対の電極が配置された構造（単セル）を持ち，電解質として用いる物質によりいくつかに分類される．表7.1に各種燃料電池の種類と特徴を示す．アルカリ形と固体高分子形燃料電池が比較的低温から作動可能であることに対して，リン酸形燃料電池は170〜200℃付近の中温まで温度を上げる必要があり，また溶融炭酸塩形燃料電池，固体電解質形燃料電池は600〜1000℃

表 7.1 燃料電池の種類と特徴.

		中・低温形			高温形	
		固体高分子形 PEFC	アルカリ水溶液形 AFC	リン酸形 PAFC	溶融炭酸塩形 MCFC	固体酸化物形 SOFC
電解質	電解質物質	イオン交換膜	水酸化カリウム	リン酸	炭酸リチウム 炭酸カリウム	安定化ジルコニアなど
	イオン導電種	H^+	OH^-	H^+	CO_3^{2-}	O^{2-}
	比抵抗	$\leq 20\Omega cm$	$\sim 1\Omega cm$	$\sim 1\Omega cm$	$\sim 1\Omega cm$	$\sim 1\Omega cm$
	作動温度	室温〜100 ℃	室温〜240 ℃	180〜200 ℃	600〜700 ℃	〜1000 ℃
電極	触媒	白金系	ニッケル・銀系	白金系	不要	不要
燃料源		石油,天然ガス,メタノール,電解水素	電解副生水素,水の電気分解	天然ガス,軽質油,メタノール	石油,天然ガス,メタノール,石炭	石油,天然ガス,メタノール,石炭
問題点,課題		・構成部材の高性能化&耐久性 ・セル大型化 ・温度管理 ・水分管理 ・低コスト化	・CO_2による電解液劣化 ・水・熱収支制御	・Pt 使用量低減 ・システム耐久性 ・低コスト化	・構成材料耐食性 ・CO_2 循環系開発	・熱サイクル耐久性 ・電解質薄膜化 ・耐熱材料

という高温度領域でないと運転ができない.また,リン酸形燃料電池および溶融炭酸塩形燃料電池は設備が大型となるのに対して,固体高分子形,アルカリ形,固定電解質形はコンパクトに小型化することが可能である.さらに,アルカリ形燃料電池については,炭酸ガスが存在すると電解質のアルカリを劣化させる可能性があり,使用環境に制限がある.このような観点から,住宅用コジェネレーションシステムや自動車用電源としては,固体高分子形燃料電池が広く使用されてきており,低温作動,高出力密度などの特徴を持つ.次にこの固体高分子形燃料電池の原理について解説する.

7.3 固体高分子形燃料電池の原理

固体高分子形燃料電池の作動原理図を図 7.1 に示す.固体高分子形燃料電池の電解質は,イオン交換基を持つポリマーからなる高分子膜(イオン交換膜)であり,その両側に白金系金属担持カーボン触媒とイオン交換樹脂の混合物からなる触媒層,さらにその外側にカーボン系材料からなるガス拡散層が積層され,アノード側に加湿した水素,カソード側に加湿した空

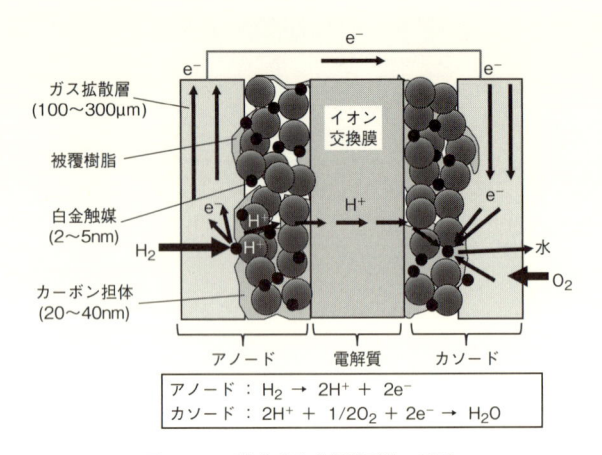

図中ラベル:
- ガス拡散層 (100〜300μm)
- 被覆樹脂
- 白金触媒 (2〜5nm)
- カーボン担体 (20〜40nm)
- イオン交換膜
- アノード / 電解質 / カソード

アノード：$H_2 \rightarrow 2H^+ + 2e^-$
カソード：$2H^+ + 1/2O_2 + 2e^- \rightarrow H_2O$

図 **7.1** 固体高分子形燃料電池の原理．

気または酸素を供給する．ここでのイオン交換膜の基本的機能は，アノードで発生したプロトンをカソードへと運ぶことと，燃料ガスであるアノード側の水素ガスとカソード側の酸素ガスを遮断すること，さらにはアノードとカソードの短絡を防止することである．

図 7.1 の発電原理図に示すように，アノードの触媒上で水素がプロトンと電子に解離し，プロトンはアノード触媒を被覆しているイオン交換樹脂を通じてイオン交換膜に到達し，膜中をカソード側へと移動する．この際にプロトンが移動しにくいと，抵抗が大きくなって発電電圧が低下するので，なるべくプロトンが移動しやすい膜が求められる．カソード側に移動したプロトンは，さらにカソード触媒を被覆しているイオン交換樹脂を通じてカソード触媒に到達し，そこで外部回路を通じてアノードから移動してきた電子，およびカソード側に供給される酸素と反応して水を生成する．膜中をプロトンが移動する際は同時に水も連れて移動するため，アノードが乾燥しやすくなりプロトン伝導性が低下するので，カソードで生成した水を速やかにアノード側へと運ぶ水移動性も重要である．また，燃料ガスであるアノード側の水素ガスとカソード側の酸素ガスが反対側に漏れると，発電電圧が低下するので，なるべくガス透過性の低い膜が求められる．この他，燃料電池の発電環境下では，OHラジカルなどのラジカルが発生し，イオン交換膜や触媒を被覆しているイオン交換樹脂を攻撃するので，それ

表 7.2 燃料電池用膜の要求特性.

	要求特性	要求特性の詳細
基本的要求特性	発電性能	高プロトン伝導性（高温，低加湿）
		ガス遮断性
		高水移動性
		電極接合性
	耐久性	機械的強度
		化学的・電気化学的安定性
		低寸法変化（乾燥/湿潤）
		乾燥/湿潤繰り返し強度耐性
実用的要求特性	コスト	低材料コスト
		低加工コスト
		ハンドリング性
	品質	材料均質性（イオン交換容量，分子量など）
		膜均質性（膜厚，膜物性など）

らの化学的安定性も不可欠である．さらには，最近では燃料電池の運転条件がより高温低加湿へと変わってきており，かつ短時間で加湿度が変化するため，イオン交換膜の高温での安定性や低加湿下でのプロトン伝導性，乾燥/湿潤を繰り返した際の膜の耐久性なども求められてきている．このように，燃料電池用のイオン交換膜には種々の特性が要求され，それらを表 **7.2** にまとめた．

7.4 固体高分子形燃料電池用イオン交換膜開発の歴史

燃料電池用固体高分子膜の歴史は古く，Grubb が燃料電池用にイオン交換膜を提案した 1950 年代まで遡る[1]．当時，General Electric 社でイオン交換膜が検討されており，フェノール–ホルムアルデヒド架橋樹脂にスルホン酸基が導入されたポリマーや，スチレン–ジビニルベンゼン架橋樹脂にスルホン酸基が導入されたポリマーが検討されていた．しかしながら，カソード極側で発生すると言われているOHラジカルによる酸化劣化の問題等のため，耐久性が十分でなく，その後 DuPont 社が開発したパーフルオロスルホン酸膜を用いた検討が主流となった．しかしながら，当時はパーフルオロスルホン酸膜といえども十分な性能を発現できず，スペースシャトルにはアルカリ形燃料電池が採用された．パーフルオロスルホン酸膜については，その後も基礎的な研究がなされたが，燃料電池用膜としての研究よりもむしろ食塩電解法による苛性ソーダ製造用膜としての研究が先に進

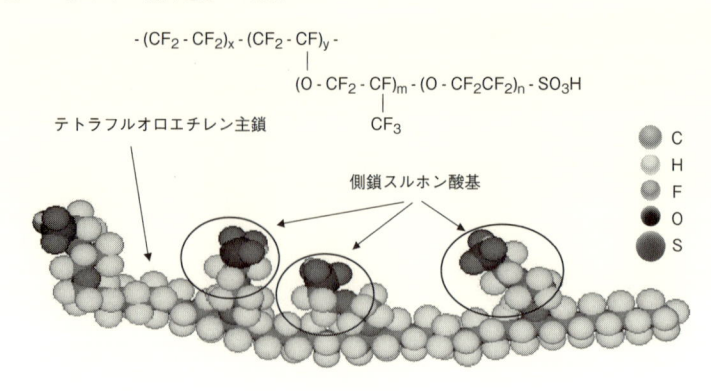

図 7.2 パーフルオロスルホン酸ポリマーの化学構造式.

み，1980年代半ばから1990年にかけて，パーフルオロカルボン酸膜との2層膜の形で苛性ソーダ製造用膜の標準膜として実用化された．一方1980年代末にカナダの Ballard Power Systems 社が米国 Dow Chemical 社の開発した短側鎖パーフルオロスルホン酸膜を用いて高性能の燃料電池を開発した．このバラード社の燃料電池は出力密度が大きく，自動車への燃料電池搭載の可能性が一気に高まり，現在の開発競争に至っている．

上述のように，現在の固体高分子形燃料電池の研究においては，パーフルオロスルホン酸型イオン交換膜の研究が主流となっているが，最近になって，高温化対応や低コスト化という観点で再びパーフルオロスルホン酸型イオン交換膜以外の炭化水素系膜が研究されるようになってきている．炭化水素系膜の研究例としては，種々検討されているが，特に芳香族ポリマー系膜の研究は盛んに行われており，スルホン化ポリエーテル[2-4]やスルホン化ポリイミド[5]，スルホン化ポリフェニレン[6]が開発され，一部は直接メタノール形燃料電池や自動車用として用いられていたが，十分な性能を発現するには至っていない．

一方，現在，燃料電池用膜で最も使用されているポリマーは図7.2に示す化学構造を有するパーフルオロスルホン酸ポリマーである．テトラフルオロエチレンを主鎖骨格としてパーフルオロビニルエーテルが共重合しており，側鎖末端にスルホン酸基を有する構造で，特徴としては，化学的安定性やプロトン伝導性に優れていることが挙げられる．このようなポリマーを用いた膜としては，DuPont 社の Nafion® 膜，旭硝子の Flemion 膜，旭

化成の Aciplex 膜，Solvay Solexis 社の Aquivion 膜などがある．従来は $m=1$ や 2 の長い側鎖構造のポリマーが一般的であったが，最近は $m=0$ で $n=2$ または 4 の短側鎖構造のものが開発されてきており，耐熱性の観点では，従来の長側鎖構造のポリマーのガラス転移温度より，$n=2$ の短側鎖で約 25 ℃，$n=4$ の短側鎖で約 40 ℃上昇する[7]．図中の x と y の比を変えることでイオン交換容量が変えられ，また製膜の際に厚さを変えることが可能である．これらのポリマーは，水やアルコール系の溶剤に溶解または分散することが可能であり[8,9]，液状組成物として触媒層形成用に広く用いられている．この他，パーフルオロ系で機械的特性向上のためにブロック構造にする検討や，高温対応を狙った試みとして，従来のパーフルオロスルホン酸型ポリマーに嵩高い第 3 成分を共重合した検討[10]，パーフルオロスルホンイミド[11]の研究報告などがある．

7.5 燃料電池用膜の課題と対策

これらのパーフルオロスルホン酸ポリマー膜は，一般的に化学的安定性が高いと言われているため，従来燃料電池用途分野で広く用いられてきた．しかしながら，このパーフルオロスルホン酸系ポリマーでさえも，90 ℃以上の高温条件や低加湿の条件では分解が起こり，短時間でアノード側からカソード側への水素リークが増大したり，発電特性が低下するという問題が発生し，これが燃料電池用膜の最大の課題であった．この原因としては，機械的要因と化学的要因が考えられるが，主には化学的要因の影響が大きく，カソードまたはアノード中の触媒白金上で水素と酸素が反応し過酸化水素を発生させ，その過酸化水素から生成する OH ラジカルがポリマーを攻撃して分解が起こると言われていた．このように大まかな劣化機構は知られているが，OH ラジカルの攻撃によりポリマーのどの部位から劣化が開始するかなどの詳細は明らかとなっていなかったため，このパーフルオロスルホン酸ポリマーの劣化機構に着目し，解析が行われた[12]．

図 7.3 にポリマー分解劣化解析試験法の概略図を示す．通常行われる劣化試験である開回路 (OCV) 試験やフェントン試験とは異なり，ガス状の過酸化水素に膜を暴露する試験手法であり，劣化後のポリマーの解析が容易であることが特徴である．この試験法を用いて，パーフルオロスルホン酸膜について検討を行った結果，膜重量は経時的に急激に減少し，対応して F イオン排出速度が上昇することが判明した．劣化後の膜の分子量分布

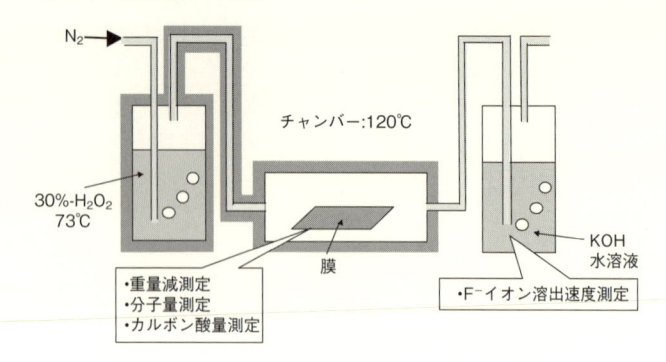

図 7.3 ポリマー分解劣化機構解析のための新規試験法.

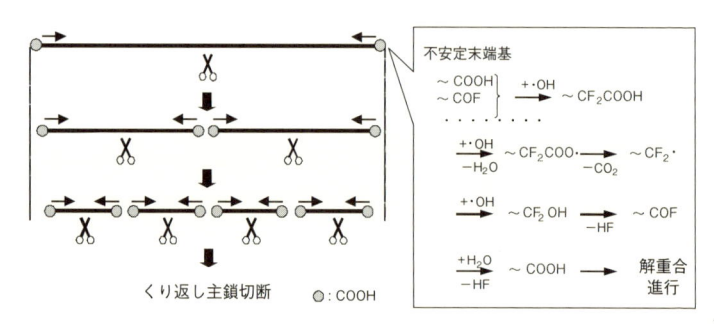

図 7.4 パーフルオロスルホン酸ポリマーの推定分解機構.

測定では過酸化水素ガスに対する暴露時間とともに分子量は急激に低下しており，主鎖切断が起きているものと考えられた．これらの結果から推定される分解機構を図 7.4 に示す．分解劣化機構としては，これまではポリマーの不安定末端から起こるということが提案されていたが [13]，それだけではなく，主鎖からも起こっていることが明らかとなった．さらにこの主鎖切断がどのように起こるのかという劣化解析検討が進められ，イオン交換基であるスルホン酸基の脱離から起こるということが明らかになりつつある [14]．W. E. Delaney [15] らも $FeSO_4$ を含浸した膜を過酸化水素蒸気にさらす気相フェントン試験と通常の液相フェントン試験で比較した検討を行い，ポリマー分解機構として末端からのものと主鎖で起こるものの二つのモードがあることを確認している．

7.5 燃料電池用膜の課題と対策

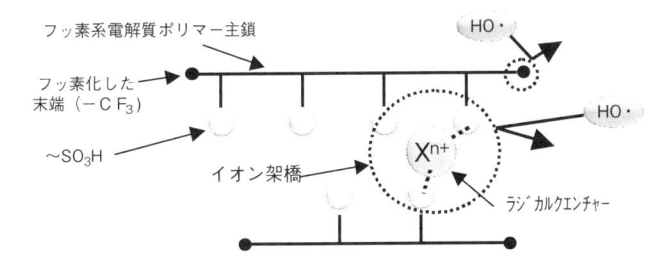

図 7.5 高耐久膜開発のための新規コンセプト.

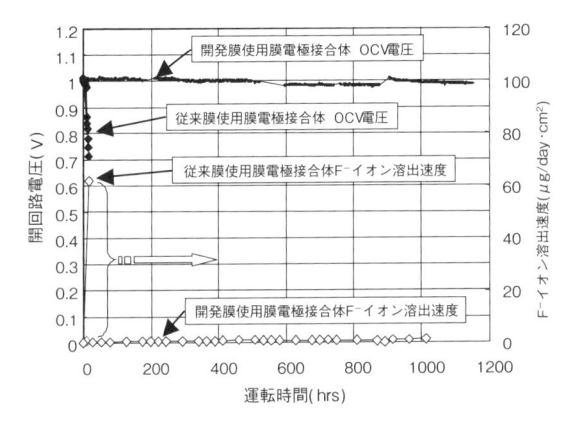

図 7.6 開発膜を用いた膜電極接合体の 120 ℃, 18%RH での開回路耐久試験.

　上記の分解劣化機構をもとに，各種の改良された膜および膜電極接合体が検討されている．以前はポリマーの分解劣化はポリマー末端で起こると言われていたため，改良検討は主にポリマー末端のフッ素化処理であったが，最近はフッ素化処理だけでなく，ポリマーの化学構造の検討や膜電極接合体の構造検討，膜補強体の検討，添加剤による劣化防止検討などが行われている．

　岩田ら[16]は補強構造を導入し，かつ化学的安定性を高めた電解質ポリマーを使用した膜を作製し，分解劣化の指標であるフッ素イオン溶出速度が1/5に抑制されることを明らかにしており，また丸山ら[17]も類似の検討で耐久性が大幅に改善された膜を作製している．三宅ら[18]は化学的安定性を高めた新規な複合膜を作製し，100 ℃での ON-OFF 耐久試験で 3000

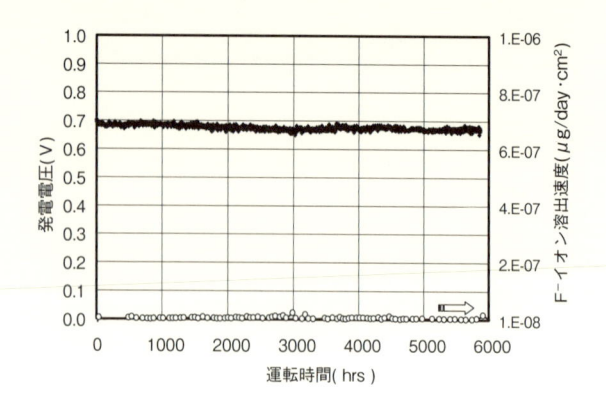

図 **7.7** 開発膜を用いた膜電極接合体の 120 ℃, 50%RH での発電耐久試験.

時間を越える耐久性を確認している.また,上記の主鎖切断がイオン交換基であるスルホン酸基を起点として起こることから,カチオン性のラジカルクエンチャーを添加し,イオン交換基の近傍に存在させることによりイオン交換基を保護しながらイオン架橋により耐熱性や機械強度を高める検討がなされた.図 **7.5** にこの検討のコンセプトを,また図 **7.6** に得られた膜の耐久性評価結果を示す[19].耐久性の評価方法としては,通常の固体高分子形燃料電池運転条件より厳しい条件である 120 ℃,相対湿度 18%を選択し,かつ電位が高くてカソードでの水生成がない開回路 (OCV) 運転で行っている.従来のパーフルオロスルホン酸膜の場合には約 10〜20 時間でポリマー分解が激しく進行し,それ以上の運転が不可能であったが,本検討の膜では 1000 時間以上の運転が可能で,開回路電圧もほぼ一定に保持されている.また図 **7.7** に 120 ℃,相対湿度 50%で 0.2A/cm2 の定電流密度発電連続試験を行った結果を示す.従来の膜では 100 時間程度で運転が不可能となったが,本検討の膜では 6000 時間の運転が可能となっている.

7.6 将来展望

上記のように燃料電池用膜の化学的耐久性については解決されつつあるが,今後さらなる高温,低加湿条件での高効率発電と低コスト化を可能と

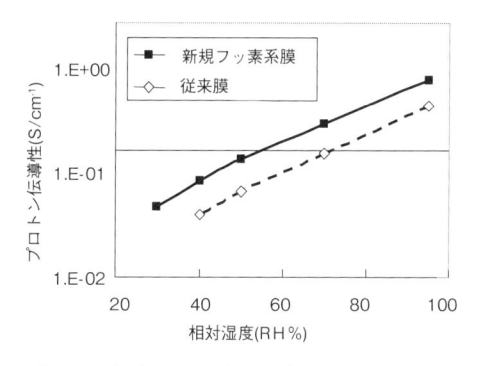

図 7.8 新規フッ素系ポリマー膜の 80 ℃におけるプロトン伝導性．

するためには，膜の高温耐性と低加湿下でのさらなるプロトン伝導性向上が必要となる．高温低加湿条件での発電特性と安定性の向上を目指して新規なフッ素系ポリマーの開発が行われている．図 7.8 に新規に開発されたフッ素系ポリマー膜の 80 ℃におけるプロトン伝導性測定結果を示す．イオン交換容量を高めると同時に，高温耐性と強度が確保できるように分子構造を工夫している．比較のために，一般的に用いられているフッ素系ポリマー膜である Nafion® 膜 (50μm) の値も示す．両膜とも相対湿度の低下とともにプロトン伝導性は低下するが，新規フッ素系ポリマー膜のプロトン伝導性の絶対値は高く，相対湿度 30%においても 0.035S/cm という高い値を示す．また，新規フッ素系ポリマー膜の動的粘弾性測定を行った結果，Nafion® の tanδ ピークが 100 ℃付近であるのに対し，新規フッ素系ポリマーの値は 130 ℃付近で高い値となっており，高温運転でのさらなる安定性が示唆されている．この他にもイオン交換容量を 2.1meq/g まで高めてプロトン伝導性を高めると同時に分子量を上げることで耐熱水性も確保する検討がなされ[20]，相対湿度 30%において 0.1S/cm というさらに高い値を得た例もある．また，特殊な環構造を持つフッ素系イオン交換膜によりプロトン伝導性と耐熱性の両立を狙った研究も行われている[21]．従来の環構造導入はテトラフルオロエチレン／スルホン酸基含有ビニルエーテル／環構造モノマーを共重合することで検討がなされていたが，高温耐性を高めるために環構造モノマー含有量を増大させるとイオン交換容量を高めることが容易ではなかった．本検討の環構造モノマーは，環構造モノマー自

体にスルホン酸基が連結されており,環構造モノマー含有量の増大によるイオン交換容量の増大と高温耐性の向上が同時に図れることが特徴である.

上記のように,燃料電池用膜は求められる高い要求特性に応えるために,その分子構造まで立ち返り検討がなされる段階に入ってきている.今後のさらなる検討は,性能と耐久性を向上させ,かつ低コストの燃料電池用高分子膜を現実のものとし,その高分子膜を用いた燃料電池の世界が大きく広がるものと考えている.

引用・参考文献

1) W. T. Grubb: *Proc. of the 11th Annual Battery Reseach and Development Conference*, 5 (1957).
2) 宮武健治,渡辺政広:ポリマーフロンティア 21 講演予稿集,9 (2008).
3) 陸川政弘:2008 年度高分子学会燃料電池材料研究会講座講演予稿集,13 (2008).
4) 坂口佳充:ポリマーフロンティア 21 講演予稿集,5 (2008).
5) 岡本健一:ポリマーフロンティア 21 講演予稿集,13 (2008).
6) 後藤幸平:2008 年度高分子学会燃料電池材料研究会講座講演予稿集,5 (2008).
7) 池田正紀,植松信之,斎藤秀夫,星信人,服部真貴子,飯嶋秀樹:*Polymer Preprints, Japan*, **54**, 4521 (2005).
8) R. B. Moore III and C. R. Martin: *Anal. Chem.*, **58**, 2570(1986).
9) R. B. Moore III and C. R. Martin: *Macromolecules*, **21**, 1334(1988).
10) K. Yamada, Y. Kunisa, M. Tsushima, M. Kawamoto, Y. Takimoto, J. Tayanagi and M. Yoshitake: *Fuel Cell Seminar Abstracts*, 820 (2003).
11) S. E. Creager, J. J. Sumner, R. D. Bailey, J. J. Ma, W. T. Pennington and D. D. DesMarteau: *Electrochem. Solid-State Lett.*, **2**, 434 (1999).
12) S. Honmura, K. Kawahara, T. Shimohira and Y. Teraoka: *J. Electrochem. Soc.*, **155**, A29 (2008).
13) D. E. Curtin, R. D. Losenberg, T. J. Henry, P. C. Tangeman and M. E. Tisack: *J. Power Sources*, **131**, 41(2004).
14) E. Endoh: *ECS Transactions*, **16**, 1229(2008).
15) W. E. Delaney and W. Liu: *ECS Transactions*, **11**, 1093(2007).
16) 岩田良,角田勝治,本松誠,賀来群雄,G. Escobedo, R. L. Perry, A. DiAndreth:第 14 回燃料電池シンポジウム予稿集,32 (2007).
17) 丸山将史,坂本敦,石川雅彦,鈴木健之,難波隆文:第 14 回燃料電池シンポジウム予稿集,35 (2007).
18) 三宅直人:NEDO シンポジウム 固体高分子形燃料電池の高性能化・高耐久化への展望と今後の技術開発の重点課題予稿集,63 (2008).
19) E. Endoh: "Handbook of Fuel Cells-Fundamentals, Technology and Applications", W. Vielstich *et al.* (Eds.), (John Wiley & Sons, 2009), p.361.
20) 飯塚裕人,加藤明宏,本多正敏,三宅直人,吉村崇,伊野忠,近藤昌宏:第

18 回燃料電池シンポジウム講演予稿集,20 (2011)
21) A. Watakabe: *Fluoropolymer 2010 Book of Abstracts*, 84(2010).

第8章

有機ELや太陽電池への応用

8.1 はじめに

　近年,有機ELや太陽電池に関するニュースを新聞およびTVなどで毎日のように見かける.有機ELの現在の検討はガラス基板が主流であるが,薄型化・軽量化に対する要求は益々高まっており,ガラスからプラスチック基板への代替の検討がされている.ガラスと比較してプラスチック基板の特徴は,「薄い,軽い,割れない,曲げられる,多様な形状への対応」などの利点が挙げられるが,その反面,耐熱性,酸素および水蒸気のバリア性などにおいて大きな弱点を有している.特に,デバイスとしての寿命の面で,プラスチック基板へのバリア性の付与は極めて重要な課題である.

　また,近年,大気汚染や地球温暖化などの環境問題や化石燃料の枯渇化を背景に,省資源でクリーンなエネルギー源として太陽電池が注目されている.ここで,太陽電池は光から電気エネルギーへの変換であり,有機ELは電気エネルギーから光への変換であることから,太陽電池と有機ELはちょうど逆の機能を持つデバイスということができる.このように,両者は共通の要素を持つため,有機ELの実用化が急速に進んできたことにともない,有機薄膜太陽電池の研究が一段と脚光を浴びるようになってきた.太陽電池においても薄型化・軽量化・低コスト化が求められ,ガラスからプラスチックへの代替検討が進められている.ここにおいても,寿命の面におけるプラスチックへのバリア性付与は必要不可欠な課題と言える.

8.2 有機 EL におけるバリア膜

8.2.1 有機 EL の特徴

非常に薄い，ある特定の構造を持つ有機膜に電流を流し込むと発光を生じる．これを「電界発光」と呼ぶが，有機 EL はこの現象を利用している．有機 EL は，電界発光型の自発光ディスプレイであり，高視野角・高輝度・高コントラスト・高速応答・低消費電力・使用温度範囲が広い（-40 ℃〜$+60$ ℃）などの多くの特徴を有している．また，自発光であることから液晶の様なバックライトが不要であり，構造がシンプルであり，発光層が数十〜数百 nm と非常に薄い膜から構成されるため，薄くて軽く，かつフレキシビリティを持ったディスプレイができる可能性を有している．

有機 EL デバイスは，有機薄膜層を陰極と陽極で挟んだ構造をしている．有機薄膜層は，電子輸送層，発光層，正孔輸送層などから構成される．この構造に直流電流を流すと，陰極から電子が注入され，陽極から正孔が注入される．電子と正孔は，発光層あたりで再結合し，電子状態は基底状態から励起状態になる．不安定な励起状態から基底状態に戻る際に放出されるエネルギーが有機 EL の発光である（図 **8.1**）．

有機 EL デバイスは，用いられる材料により低分子形有機 EL および高分子形有機 EL に分類できる．低分子 EL は発光層としてアルミニウム錯体などの低分子材料を，高分子 EL はポリ（p-フェニレンビニレン）およびその誘導体や，ポリフルオレンおよびその誘導体などの共役系高分子や低分子色素含有高分子などを材料として用いる．いずれの材料も炭素−炭素の二重結合を持ち，分子内に多様な π 電子系を持つ分子構造となっている．

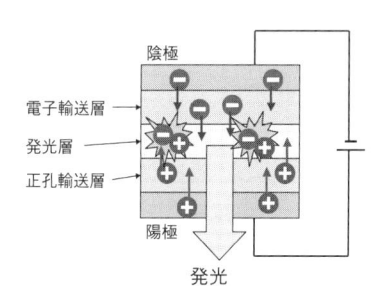

図 **8.1** 有機 EL の発光メカニズム（例：有機層 3 層構成）．

この多様なπ電子系が,荷電キャリアである電子や正孔の輸送,発光,励起エネルギーの授受の機能を担う.

有機 EL の研究自体はかなり古くからあるが,実用化を目指した本格的な研究は,低分子 EL に関しては 1987 年の Kodak 社の Tang ら[1] の検討があり,また,高分子 EL に関しては,1990 年のケンブリッジ大学の Friend ら[2] の研究に端を発する.これらの有機 EL は基本的なデバイス構成は同じである.低分子 EL は有機化合物が非溶解性のため,蒸着により有機薄膜を成膜する.一方,高分子 EL は高分子構造により溶解性のコントロールが可能なため,インクジェットや印刷などによる成膜が検討されている.

ここで有機 EL を商品化するにあたっては,デバイスの寿命と効率が課題である.デバイスの寿命は有機 EL デバイス開発の鍵を握っており,バリア技術がキーテクノロジーの一つと言える.デバイスの寿命に影響のある主な因子として,陰極と発光層の劣化が挙げられる.

陰極としては仕事関数が低いこと,すなわち電子注入しやすい特性が重要である.低仕事関数のアルカリ金属やアルカリ土類金属を陰極に用いると,電子注入障壁が低くなり,有機層への電子注入量が増加し,低電圧での駆動が可能になる.陰極ないしは発光層とのバッファー材として,Ca,Al/LiF 積層,Mg-Ag 合金,Al-Li 合金などの報告がある[3,4].これらの陰極は水に非常に敏感であり,水と反応して金属酸化物(絶縁体)となる.導電金属が絶縁体になるため,電子注入が不十分となり電流の流れが悪化する.合金電極においても酸化等による素子劣化が起こる.すなわち寿命が短くなる.

また,発光層においては駆動中に酸化され,カルボニル基が生成しているとの報告がある[5].この場合,カルボニル基が消光中心となり,発光効率が低下する.

このように有機 EL デバイスは,水や酸素がデバイス内部に侵入しないようにバリア膜でデバイスを保護する必要がある.有機 EL に許容の水蒸気透過度は,$10^{-5 \sim -6}\mathrm{g/(m^2 \cdot day)}$ であり,また,酸素透過度は,$10^{-4 \sim -6}\mathrm{cc/(m^2 \cdot day \cdot atm)}$ と報告されている[6-10].

ここで,有機 EL 用バリア膜の検討は,基板側と封止側とに分類できる(図 **8.2**).基板側は,ガラスを使用する場合はバリア膜が不要であるが,プラスチック基板を使用する場合は必須である.また,封止側は,ガラス封止やメタル封止が検討されてきたが,ガラスやメタルの封止は,嵩張ると

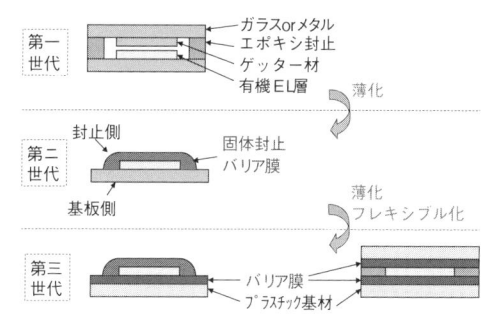

図 8.2 有機 EL のバリア膜．

ともにフレキシブル化に対応できない問題がある．それで，現在，固体のバリア封止膜の検討が盛んに行われている．また封止においては，バリア性を付与したプラスチック基板を封止側に貼合する方法も提案されている．

8.2.2 バリア封止膜

ハイバリア性が求められるため，一般にバリア膜には無機膜が少なくとも一層使用される．バリア膜に求められる性能は，① 水・酸素のバリア性が高いこと，② 無機膜の欠陥の原因となるパーティクルなどの異物の発生が成膜時に少ないこと，③ 低温・低ダメージ成膜が可能であること，④ 封止膜の応力が小さいこと，⑤ カバレッジ性（段差被覆性）が良いことが挙げられる．

基本は上記 ① 〜③ が重要であるが，封止側のバリア膜においてはさらに ④，⑤ も重要である．③ に関しては，成膜時に下層のプラスチック基板や発光層などにダメージを与えないことが重要である．また，④ は，発光層などの有機膜は非常に柔らかく，その上に高応力の封止膜を付けると有機膜の剥離が起きるため，応力が小さいことが好ましい．⑤ は実際の有機 EL では，陰極隔壁や絶縁膜などの立体的構造物があり，封止膜としてはこれらの構造物を完全に被覆することがバリア性の面で重要である．

8.3 太陽電池におけるバリア膜

8.3.1 太陽電池の特徴

太陽の光エネルギーを吸収して電気に変える発電装置を太陽電池という．

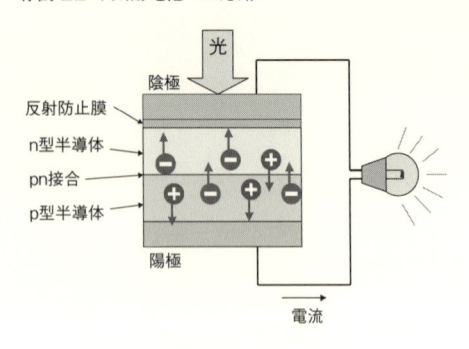

図 8.3 太陽電池の発電メカニズム.

太陽電池は2種類の半導体基板を合わせたものに光を当てて生じる電位差を利用して発電する．基本的な原理は200年程前に発見されていたが，本格的に研究されるようになったのは1954年に米国のベル研究所で単結晶シリコン基板を使用した太陽電池が開発されてからである．さらに，産業として本格的に立ち上がってきたのは21世紀に入ってからで，歴史は浅い．一般的に太陽電池は，電気的な性質の異なるn型の半導体と，p型の半導体をつなぎ合わせた構造である．この二つの半導体の境界をpn接合と呼ぶ．太陽電池に光が当たると，太陽光は太陽電池セルの中で吸収される．このときに吸収された光のエネルギーで励起子が生成し，内部電界やエネルギー準位差により電荷分離が起こり，電子はn型半導体層を，正孔はp型半導体層を電極方向へ拡散する．この性質を利用して，表面と裏面につけた電極を電線で繋ぐと電流が流れる（図 8.3）．

8.3.2 無機系太陽電池

太陽電池には無機系と有機系がある．無機系太陽電池としては大きくシリコン系と化合物系に分けられる．シリコン系は，単結晶シリコン型，多結晶シリコン型等の結晶シリコン太陽電池，シングル接合型あるいはタンデム構造型等からなるアモルファスシリコン太陽電池に分けられる．化合物系においては，ガリウムヒ素 (GaAs) やインジウム燐 (InP) 等のIII–V族化合物半導体太陽電池，カドミウムテルル (CdTe) 等のII–VI族化合物半導体太陽電池や，銅インジウムセレナイド (CuInSe$_2$) 等のI–III–VI族化合物半導体太陽電池などに分類できる．現状，セルのエネルギー変換効率

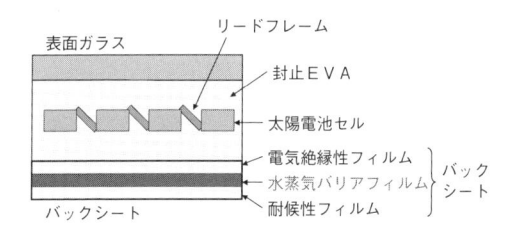

図 8.4 太陽電池セルとバックシート.

は，単結晶シリコン型が20%程度であり，薄膜アモルファスシリコン型は10%程度である．

太陽光発電シリコンモジュールは屋外で使用され，モジュールの機能を20年以上の長期間保持するために，絶縁システムとしての長期の信頼性が要求される．特に，耐熱・耐湿性，耐UV光性，耐オゾン性，耐γ線酸化性などの耐候性はもちろんのこと，電気絶縁性，機械的強度，耐環境性なども要求される．シリコンセルモジュールは，シリコンセルを，ガラス板，封止樹脂のEVA（エチレン-ビニルアセテート共重合体），保護用バックシートによる密封状態でパネルに搭載される（図8.4）．パネル全体は，電気絶縁された構造体である．通常，バックシートは，電気絶縁性フィルム／水蒸気バリアフィルム／耐候性フィルムの3種類のフィルムを長期信頼性のある耐湿熱性の優れた熱硬化性接着剤で貼合した複合シートとして使用されている．バックシートにおいても，水蒸気バリア性が重要である．

結晶シリコン型とアモルファスシリコン型では発電効率と長期の耐候性が異なる．アモルファス型は短期で劣化するため，バリア性の高いバックシートを使用する必要がある．現状，結晶シリコン型のバリア層はSiO_2, Al_2O_3蒸着のPETで，水蒸気透過度は$0.2 g/(m^2 \cdot day)$程度であり，一方，アモルファスシリコン型のバリア層はアルミ箔（17.5μmなど）で，$0.01 g/(m^2 \cdot day)$以下が使用されている．アルミ箔はバリア性に優れるものの，短絡の可能性があり注意が必要である．

8.3.3 有機系太陽電池

一方，シリコンや無機化合物材料を用いた太陽光発電セルに対して，光吸収層（光電変換層）に有機化合物を用いた方式を有機系太陽電池という．

有機系太陽電池として，色素増感太陽電池，有機薄膜太陽電池などが挙げられる．

色素増感太陽光セルは pn 接合の代わりに酸化物半導体と色素を用い，半導体自体ではなく，その表面に塗った色素により光エネルギーを電気エネルギーに変換するセルであり，代表的なものとしてグレッツェル型と呼ばれる形式が挙げられる．2 枚の透明電極の間に微量のルテニウム錯体などの色素を吸着させた二酸化チタン層と電解質を挟み込んだ単純な構造を有している．色素増感太陽電池セルの変換効率は 10％を超えたレベルである．現在主流である多結晶シリコン太陽光発電セルの数分の 1 のコストで製造できると言われているが，変換効率，寿命，信頼性が課題である．信頼性に関しては，電解液の蒸発を如何に防ぐかの封止が重要である．

有機薄膜太陽電池においても無機系太陽電池と同じく，光捕集，電荷分離，生成したホールと電子の電極への注入制御が，高いエネルギー変換効率を達成するためには重要である．現時点では，有機薄膜太陽電池セルの変換効率は 5〜10％程度である．

有機薄膜太陽電池は，有機 EL と同じように材料により低分子形と高分子形に分類することができる．低分子形は，フタロシアニンなどの低分子材料を真空蒸着により成膜する．高分子形は，p 型材料として regioregular poly (3-hexylthiophene) (RR-P3HT) と n 型材料として [6,6]-phenyl-C61-butyric acid methyl ester (PCBM) などの共役高分子材料等を印刷法などで塗布形成する．いずれも製造プロセスが容易なため，既存の結晶シリコン型や薄膜シリコン型に比べて低コスト化が期待できる．また，色素増感太陽電池セルよりもさらに構造や製法が簡便になると言われており，電解液を用いないために柔軟性や寿命向上の面でも有利である．課題は変換効率である．また，光，水分，酸素による有機化合物の劣化や Al 電極などの劣化の防止も商品の設計にあたっては重要と思われる．

以上のように太陽電池は，各種手法があり，材料も様々である．よって，使用する材料にもよるが，電極やアモルファスシリコン，色素などの光吸収層（光電変換層）の劣化を防ぎ，長寿命化するには，基材へのバリア性付与の技術が重要と言える．太陽電池に許容の水蒸気透過度は，無機系が $10^{-1 \sim -2}$ g/(m^2·day)，有機系が $10^{-5 \sim -6}$ g/(m^2·day) と報告され，また酸素透過度は，無機系が $10^{0 \sim -2}$ cc/(m^2·day·atm)，有機系が $10^{-4 \sim -6}$ cc/(m^2·day·atm) と報告されている[7]（図 **8.5**）．

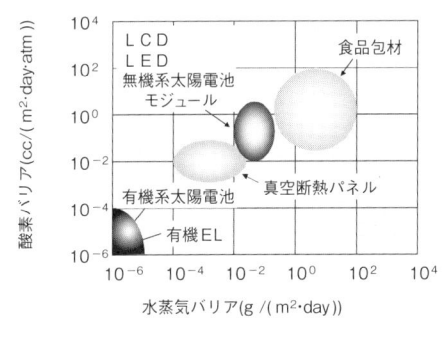

図 8.5 バリア性と用途.

8.4 バリアのメカニズム

8.4.1 高分子におけるバリア

バリア技術は，これまで包装材料分野において，高分子材料を中心に検討されてきた．フィルムを透過する気体や水蒸気の輸送のメカニズムは「毛細管流れ」と「活性化拡散流れ」の二つの形式がある．毛細管流れは，ピンホールやクラックなどの微細な貫通孔の孔径により，クヌーセン流れとハーゲン・ポアズイユ流れの2種に分けられる．貫通孔の孔径が約 2nm 以上ではハーゲン・ポアズイユ流れとなり，1〜2nm の範囲ではクヌーセン流れとなる．また，約 1nm 以下では非多孔質タイプの溶解・拡散型の活性化拡散流れとなる．毛細管流れは膜を構成している材料の化学的構造や熱運動の影響を受けず，透過分子の輸送は圧力勾配を駆動力として行われ，透過量は時間に比例してほぼ直線的に増加する．次に，活性化拡散流れは，グラハムの溶解・拡散機構に基づき，実質的に孔のない高分子フィルムなどの均質な非多孔膜で起こる流れで，高分子表面に透過分子が収着・溶解して高圧側から低圧側に拡散・移動し，低圧側表面より脱着することにより起こる．溶解性が大きくない気体が液体に溶けるときに成立するヘンリーの気体溶解の法則と，フィルムに溶けた気体分子の移動に関するフィックの拡散の法則から説明できる．非多孔質フィルムの気体透過度 P の基本式は，溶解度係数 S と拡散係数 D との積 $P = S \cdot D$ で表される．この場合，透過分子の輸送の駆動力はフィルム内の濃度勾配であるが，毛細管流れと異なり，高分子材料の一次構造・高次構造や温度によって大きく影響を受

ける.高分子の一次構造は,極性,水素結合,凝集エネルギー密度 (CED: cohesive energy density),ガラス転移点温度,分子鎖の剛直性に関し,高次構造は,結晶化度,結晶配向,自由体積などの構造の緻密性に関する.特に高分子材料のバリア性においては,ガラス転移点,結晶化度,自由体積,凝集エネルギー密度が重要といえる.

高分子材料には分子運動や自由体積があることより,フィルムの厚みにもよるが,$1g/(m^2 \cdot day)$ レベルがバリア性の下限であり,$10^{-6}g/(m^2 \cdot day)$ レベルを達成することは事実上無理である.一方,無機材料は,温度や湿度の影響が少ない特徴を持つ.よって,ハイバリアの設計においては無機材料を何らかの形で使用することが必要であり,手法として高分子(有機)と無機との積層またはブレンドが提案されている.

8.4.2 無機におけるバリア

無機材料の成膜方法は,大気中でのウェットプロセスと,真空中でのドライプロセスに分類できる.ウェットプロセスの代表的なものに金属アルコキシドを使用するゾルゲル法がある.ドライプロセスとしては,物理蒸着 (PVD: physical vapor deposition) や化学蒸着 (CVD: chemical vapor deposition) などが挙げられる.前者には,真空蒸着法,スパッタ法,イオンプレーティング法などが,また,後者には,熱 CVD 法,プラズマ CVD 法などがある.無機バリア層の組成としては,Al_2O_3,SiO_x,SiN_x などがある.

無機バリア層の成膜において,真空ドライプロセスがよく用いられる.薄膜の膜厚制御が可能であり,薄膜の原料を真空中でいったん原子状や分子状にばらばらにして,原子レベルから超薄膜を基板上に積層するため,より緻密な構造や良い物性を持つ薄膜を形成できる.しかし,無機バリア膜の膜厚をあまり厚くすると,曲げの際にクラックや剥離を起こしやすくなることから,バリア厚みを最適化する必要がある.

8.4.3 開発中バリア技術の事例

2002 年頃より有機 EL や太陽電池用のハイバリアの技術検討が,有機／無機系の多層膜を中心に,海外の企業および研究所から報告されている.以下に開発中の事例を紹介する.

・事例 ①

米国の Vitex Systems 社は，薄膜コーティング技術である Barix 技術を発表している．ガラス基板系の有機 EL において，有機 EL デバイス上に直接 Barix コーティングをすることにより，従来の金属やガラス板による封止が不要になるため，より薄く軽いディスプレイの製造が可能となると報告している．

バリア部分の構成は，無機層がスパッタ法 Al_2O_3 膜であり，有機層はフラッシュ蒸着法によるアクリル膜が開示されている．アクリル層は，UV により硬化を行う．有機層と無機層を合計 8 層程度交互に積層する．積層数が多いほど，バリア性が良好となる．

有機層は真空層内で成膜され，表面平坦化による無機層の物理欠陥低減によるバリア性の向上，パーティクルの埋包，積層された無機バリア膜の保護が目的である[11]．

・事例 ②

米国の GE (General Electric 社) は，無機層として SiO_xN_y と，有機層として SiO_xC_y を形成し，界面を形成させない連続的な傾斜膜で構成するバリア膜を提案している．無機層と有機層との明確な界面を持たない傾斜膜により，界面強度が改良されるという．

この連続一体型構造は，同社の UHB (ultra high barrier) 技術により形成されており，その技術としてプラズマ CVD 技術が開示されている[12]．

・事例 ③

シンガポールの A*STAR（科学技術開発庁）傘下の IMRE (Institute of Materials Research and Engineering, Singapore) のバリア技術の特徴は，ピンホールやクラックなどの真空成膜された構造欠陥の存在する無機膜上に，ナノサイズの表面活性な無機酸化物を含んだ組成物をウェットコートにて塗布する．表面の活性なナノ粒子 (Al_2O_3, TiO_2) で，クラックやピンホールなどの無機欠陥を埋めるという思想である．無機層としてマグネトロンスパッタ法にて Al_2O_3 などを成膜し，有機層として Al_2O_3 ナノ粒子 (20～40nm) を含有したアクリルモノマーをコートし，UV キュアすることにより成膜する技術を開示している[13]．

・事例 ④

フラウンホーファー研究組織（ドイツ）に属するポリマー表面アライアンス (POLO) は，有機・無機ハイブリッドポリマー「Ormocers」の開発

を進めている.これはゾルゲル法によりガラス構造に有機成分を導入したもので,ガラス構造に柔軟性を付与した材料である.「Ormocers®」はプラスチック基材へ単独でコートしても良好なバリア性を発揮するが,無機膜との組合せにより,無機膜の膜欠陥の穴埋めに加えて,ハイブリッドポリマー自身のバリア性によって,よりバリア性が改善されるとされている[14].

これらはいずれの技術も無機と有機の多層化・ハイブリッド化により,10^{-5}g/(m^2·day) 以下のバリア性を報告されているが,ロール to ロールでの量産化技術は目下開発中である.低コストで安定的に高いバリア性を発現できるプロセス技術の確立が重要である.

8.5 将来展望

有機 EL は液晶ディスプレイの様な他のフラットパネルディスプレイとは異なり,薄膜で構造がシンプルなため,フレキシブル化に適したデバイスと言える.また,有機 EL は低コスト化の余地も大きい.太陽電池においても,ガラス基板からプラスチック基板に変更できれば,その軽量性やフレキシブル性により,モバイル電源や建築・アパレルなどへも適用できる.特に有機薄膜太陽電池は,安価,軽量,ユビキタス性が利点であり,無機系太陽電池並みの変換効率が得られれば,世の中の生活スタイルへの影響が大きいと思われる.

技術的なバリアが現状まだ多数あるものの,課題を明確にして解決していくことで,フレキシブルなディスプレイ,照明や発電デバイスを持ち運ぶユビキタス社会の早期到来が期待される.

引用・参考文献

1) C. W. Tang and S. A. VanSlyke: *App. Phys. Lett.*, **51**, 913 (1987).
2) J. H. Burroughes *et al.*: *Nature*, **347**, 539 (1990).
3) D. Braun and A. J. Heeger: *App. Phys. Lett.*, **58**, 1982 (1991).
4) M. Matsumura and Y. Jinde: *App. Phys. Lett.*, **73**, 2872 (1998).
5) J. C. Scott, J. H. Kaufman, P. J. Brock, R. DiPietro, J. Salem and J. A. Goitia: *J. App. Phys.*, **79**, 2745 (1996).
6) S. Amberg-Schwab and U. Weber: *1st International Symposium on Flexible Organic Electronics*, (2008).
7) C. Charton, Nshiller, M. Fahland, A. Hollander, A. Wedel and K. Noller: *Thin Solid Films*, **502**, 99 (2006).

8) P. E. Burrows *et al.*: *Proc. SPIE*, 4105, 75 (2000).
9) L. Moro *et al.*: *Proc. SPIE*, 6334, 63340M (2006).
10) B. M. Henry *et al.*: *Thin Solid Films*, **382**, 194 (2001).
11) WO2000/036665.
12) WO2004/025749.
13) WO2008/057045.
14) S. Amberg-Schwab: *3rd Global Plastic Electronics Conference and Showcase* (2007).

索　引

【英数字】

CCS, 13
CFC, 32
CO_2/CH_4 分離性能, 20
CO_2 回収・貯留, 13
EV 法, 56
HCFC, 32
IGCC, 65
IMS, 48
MBR, 47
MF 膜, 40, 44
NF 膜, 40
OH ラジカル, 77
PALS, 43
PDMS 膜, 54
PSA 法, 67
PTMSP 膜, 54
PV 法, 53
RO 膜, 40, 41
TDEV 法, 56
UF 膜, 40, 44
VOC, 26

【あ】

アノード, 76
イオン交換膜, 8, 75
エタノール選択透過性, 54
エバポミエーション法, 56
温度差制御気化浸透法, 56

【か】

カーボン化膜, 35
カーボンニュートラル, 51
開回路試験, 79
化学吸収法, 14
化学の安定性, 77
化学的, 物理的構造, 60
架橋芳香族ポリアミド系複合膜, 42
拡散係数, 17
拡散分離係数, 29
過酸化水素, 79
ガス拡散層, 75
ガス分離法, 4
カソード, 76
活性化拡散流れ, 93
カルド型ポリイミド, 21
環構造, 83
気化浸透法, 56
気体透過係数, 18
気体透過速度, 19
気体分離膜材料, 34
揮発性有機化合物, 26
逆浸透, 42
逆浸透法, 7, 41
逆浸透膜, 3, 40
吸着法, 15
凝集エネルギー密度, 94
共沸混合物, 5
共沸組成, 53
均質膜, 18
金属膜, 68
クヌーセン流れ, 27, 93
クロロフルオロカーボン, 32
限外ろ過法, 5
限外ろ過膜, 3, 40
高分子 EL, 87

コークス製造, 64
固体高分子形燃料電池, 74
コンタクトレンズ, 8

【さ】

自由体積, 70, 94
主鎖切断, 80
触媒層, 75
人工肺, 8
人工膜, 1
浸透気化法, 5, 53
水質汚濁, 39
水蒸気改質, 63
水素吸蔵合金, 66
スルホン酸基, 80
生体膜, 1
成膜条件, 59
精密ろ過法, 5
精密ろ過膜, 3, 40
石炭ガス化, 65
石油代替燃料, 52
接触改質法, 64
セラミックス膜, 68
選択的透過性, 12
選択的バリア性, 12
促進輸送膜, 23
阻止率, 6

【た】

太陽電池, 86
多孔質膜, 57
炭化水素蒸気, 32
緻密層, 69
緻密膜, 57
中空糸膜, 44
低分子 EL, 87
電解質, 75
電解質膜, 8
電気透析法, 7
デンドリマー, 23
透過条件, 59

透過速度, 56
透過分離機構, 60
透過流束, 17
統合的膜分離システム, 48
透析法, 7

【な】

ナノろ過法, 6
ナノろ過膜, 3, 40
熱誘起相分離法, 45
粘性流動, 27
燃料電池, 74

【は】

ハーゲン・ポアズイユ流れ, 93
パーフルオロスルホン酸ポリマー, 78
パーフルオロスルホン酸膜, 77
パーベパレーション法, 53
パーミアンス, 19
バイオエタノール, 51
バイオマス発酵, 52
ハイドロフルオロカーボン, 32
撥水性, 58
バリア, 86
バリア膜, 10
半透膜, 7
非対称膜, 18
非多孔膜, 4
非溶媒誘起相分離法, 45
フィックの拡散の法則, 93
封止材, 11
フェントン試験, 79
複合中空糸膜, 46
複合膜, 18
物理吸収法, 14
部分燃焼法, 63
プロトン伝導性, 77
分画分子量, 5
分子ゲート機能, 23
分子動力学, 44
分子ふるい, 28

分離回収技術, 31
分離係数, 20
分離膜, 2
分解機構, 80
ホウ酸, 43
補強構造, 81
ポリ[1-(トリメチルシリル)-1-プロピン], 54
ポリイミド, 70
ポリジメチルシロキサン, 2, 30, 54

【ま】

膜分離活性汚泥法, 47
膜分離法, 2, 15
膜モジュール, 15
水移動性, 76
水資源, 39
水選択透過膜, 53
未反応モノマー, 33
メタノール改質, 64
メタン改質, 64
毛細管流れ, 93

【や】

有機 EL, 86
有機ケミカルハイドライド法, 66
溶解・拡散機構, 4, 17, 27, 55
溶解度係数, 17
溶解分離係数, 29
陽電子消滅寿命測定法, 43

【ら】

ラジカルクエンチャー, 82
連続構造, 58

最先端材料システム One Point 6
Advanced Materials System One Point 6

高分子膜を用いた環境技術
Environmental Technologies with Polymer Membranes

2012年5月25日 初版第1刷発行

編　集　高分子学会　ⓒ 2012

発行者　南條光章

発行所　**共立出版株式会社**
郵便番号 112-8700
東京都文京区小日向 4-6-19
電話　03-3947-2511（代表）
振替口座　00110-2-57035
http://www.kyoritsu-pub.co.jp/

印　刷　藤原印刷
製　本　ブロケード

社団法人
自然科学書協会
会員

検印廃止
NDC 571.4

ISBN 978-4-320-04430-2

Printed in Japan

高分子先端材料
One Point 全10巻 別巻.1

高分子学会 編集

【編集委員】川口春馬(委員長)・伊藤耕三・井上俊英・木村良晴
小山珠美・関 隆広・畑中研一・樋口亜紺・吉田 亮・渡邉正義

本シリーズは，選りすぐりの高分子先端材料10点を取り上げ，簡潔に，平易に，かつ読みやすい形で解説する。

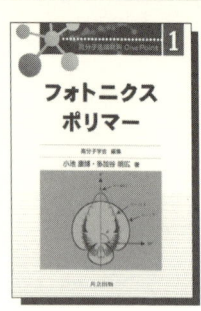

【各巻：B6版・並製本】

❶ フォトニクスポリマー
小池康博・多加谷明広著　高分子と光波の相互作用／原子系と光の相互作用／モノマーユニットと光の相互作用／他　110頁・定価1470円

❷ 高分子ゲル
吉田 亮著　ゲル総論／ゲルの合成・設計／ゲルの膨潤理論／ゲルの構造解析と物性評価／ゲルの機能化／他‥‥‥140頁・定価1575円

❸ バイオマテリアル
岩田博夫著　バイオマテリアル研究の困難さ／人工材料と生体との相互作用の概略／細胞の接着と細胞の機能／他　124頁・定価1575円

❹ 高分子ナノ材料
西 敏夫・中嶋 健著　高分子ナノ材料とは／高分子ナノ材料の構造と物性／高分子ナノ材料の作り方／他‥‥‥128頁・定価1470円

❺ 天然素材プラスチック
木村良晴他著　再生可能資源とバイオマス／ポリ乳酸／ポリヒドロキシアルカノエート／多糖類／他‥‥‥‥‥158頁・定価1575円

❻ 高分子EL材料 光る高分子の開発
大西敏博・小山珠美著　新しい表示素子：有機EL素子／光る高分子／発光機構について／劣化について／他‥‥‥‥132頁・定価1470円

❼ 燃料電池と高分子
高分子学会燃料電池材料研究会編著　燃料電池の歴史と高分子／燃料電池の原理／現状の問題と研究課題／他‥‥‥136頁・定価1575円

❽ エンジニアリングプラスチック
井上俊英他著　ポリアミド／ポリアセタール／ポリカーボネート／変性ポリフェニレンエーテル／ポリスルホン／他　136頁・定価1470円

❾ バイオチップとバイオセンサー
堀池靖浩・宮原裕二著　マイクロ空間における流体の性質に関する基礎知識／マイクロ流体デバイス製作用部品他　196頁・定価1575円

❿ レジスト材料
伊藤 洋著　リソグラフィ技術による微細加工とレジスト／レジスト材料とリソグラフィ技術の発展の歴史／他‥‥112頁・定価1575円

別 高分子分析技術最前線
高分子学会編　表面プラズモン共鳴分光法および顕微鏡／放射光を用いた観察法／赤外円二色性スペクトル／他‥‥192頁・定価1785円

※定価税込(価格は変更される場合がございます)

共立出版
http://www.kyoritsu-pub.co.jp/